国家文化公园理论与实践丛书

国家文化公园
管理体制与机制

邹统钎 等…著

中国出版集团
研究出版社

图书在版编目（CIP）数据

国家文化公园管理体制与机制 / 邹统钎等著. -- 北京：
研究出版社，2024.2
ISBN 978-7-5199-1537-7

Ⅰ.①国… Ⅱ.①邹… Ⅲ.①国家公园 – 管理体制 –
研究 – 中国 Ⅳ.①S759.992

中国国家版本馆CIP数据核字(2023)第149878号

出 品 人：陈建军
出版统筹：丁　波
责任编辑：朱唯唯

国家文化公园管理体制与机制

GUOJIA WENHUA GONGYUAN GUANLI TIZHI YU JIZHI
邹统钎 等　著
研究出版社 出版发行
（100006　北京市东城区灯市口大街100号华腾商务楼）
北京中科印刷有限公司印刷　新华书店经销
2024年3月第1版　2024年3月第1次印刷
开本：710毫米×1000毫米　1/16　印张：11.75
字数：169千字
ISBN 978-7-5199-1537-7　定价：58.00元
电话（010）64217619　64217652（发行部）

2019年12月中共中央办公厅、国务院办公厅印发《长城、大运河、长征国家文化公园建设方案》（以下简称《方案》），提出建设国家文化公园探索文物和文化资源保护传承利用的新思路、新方法、新机制，做大做强中华文化重要标志。

欧美国家历史上出现过美国主导的"国家公园（National Park）"、波兰流行的"文化公园（Park Kulturowy）"，以及欧盟倡导的"文化路线（Cultural Routes）"，这对我国的国家文化公园管理体制都有一定的借鉴。我国国家公园经过了试点与认定两个阶段，也为国家文化公园管理体制机制的建设提供了有益借鉴。

国家文化公园的国家代表性与全民公益性决定了国家文化公园管理体制机制的基本特征。从传统的国家文物保护单位制度向国家文化公园制度转变的根本是要坚持遗产的整体化保护与相容性利用。长期以来我国文化遗产管理存在"多头管理、遗产地人口众多、土地产权复杂、资金保障不足、跨区域协调困难"等问题，需借鉴各国先进经验，解决"人地约束"和"权钱难题"，探索中国特色的国家文化公园管理制度，同时为世界文化遗产保护与利用提供中国方案。经过艰苦探索，课题组对国家文化公园体制机制的建设提出以下建议：

首先是要解决多头管理问题实现统一管理，关键是要建立统一的国家文化遗产管理体系，参照我国"以国家公园为主体，自然保护区为基础，各类自然公园为补充的自然保护地体系"，中国文化遗产保护体系宜建成"以文物保护单位和非物质文化遗产名录为基础，以国家文化公园为统领，以历史文化名城名镇名村、文化生态保护区和国家考古遗址公园为补充的文化遗产保护体系"。

在管理体制上，建议设立国家文化公园管理局，统筹文物与非物质文化遗产的管理，实现国家文化公园文化遗产与自然遗产的整体性保护。建立各个国家文化公园全国性的协调委员会，强化跨区域协调机制，推行国家文化公园"段长制"。

形成"组—办/局—院—企"的建设管理机制，领导小组指导，委办局领导管理，研究院或者地方党校诠释演绎国家文化公园精神价值，文化旅游企业开发运营国家文化公园相关业务。在法律制度上，构建高层级、多层次的法律法规体系，逐步实现"一园一法"。在空间管理制度上，强化功能分区，明确分区边界。在投资机制上，建立以中央政府投资为引导，地方政府投资为主体，多元投资相结合的模式。强化国家文化公园的融合性利用，突出分区利用与文旅融合。

本研究得到了国家文化和旅游部资源开发司、河北省文化和旅游厅的大力支持，调研了5个国家文化公园的多个地方文化和旅游厅，征询了广大专家学者的意见和建议。但体制机制问题是个非常复杂的问题，各方出发点不同，认识不同，研究成果存在诸多值得商榷的地方，还请读者批评指正。

邹统钎

2024年3月3日星期日

于丝绸之路国际旅游与文化遗产大学，撒马尔罕

CONTENTS | 目录

第四章

中国特色的国家文化公园管理体制 / 077

第五章

国家文化公园多元化资金保障机制 / 101

第六章

国家文化公园利用与多方协调机制 / 145

第一章

国家文化公园发展的
指导思想与原则

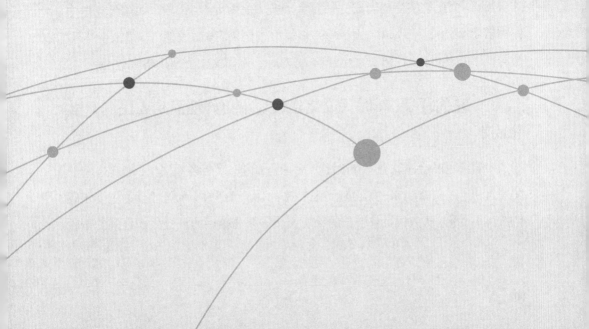

2019年12月中共中央办公厅、国务院办公厅印发《长城、大运河、长征国家文化公园建设方案》，为国家文化公园建设规划了顶层设计，提供了思想指引，为国家文化公园建设稳步推进明确了总体思路。准确把握国家文化公园建设的指导思想及基本原则，旨在明确国家文化公园建设的目标、思路与路径，为高质量建成与利用国家文化公园、打造中华文化重要标志提供保障。

第一节　国家文化公园提出的背景

国家文化公园是适应时代发展、增强文化软实力、促进高质量发展、推动体制变革的产物。作为我国保护中华文明遗存、保护与培育中华民族精神的重大文化工程，国家文化公园具有坚定文化自信、增强民族认同感的重要意义。从国内来看，新时代要求经济高质量发展，文化成为经济社会可持续发展的新动力，虽然我国历史悠久、文化底蕴深厚，但文化产业发展缓慢，文化创造力匮乏，缺少具有引领作用的文化工程以驱动经济转型创新和城市发展完善。从全球层面看，文化软实力逐渐成为衡量大国实力的重要影响因素，在国际竞争中占据着重要地位。要讲好中国故事，传播好中国声音，高效能的文化传播与弘扬的抓手必不可少。在建设文化强国的背景下，国家文化公园战略应运而生。

一、时代背景：新时代文化建设要求更好地满足人民群众文化需求

中国特色社会主义进入新时代，无论是经济、社会还是文化，都迎来新的发展起点。在从站起来、富起来到强起来的伟大飞跃中，我国社会的主要矛盾也发生了变化，从人民日益增长的物质文化需要与落后的社会生产之间的矛盾

转变为人民日益增长的美好生活需要和不平衡不充分发展之间的矛盾,①经济社会发展步入新阶段。在"五位一体"总体布局下,文化建设也要紧跟时代发展,开创新局面。

国家文化公园是新时代引领文化建设的重要任务。党的十九大报告指出:"文化是一个国家、一个民族的灵魂。文化兴国运兴,文化强民族强。"②文化是一个民族成长壮大过程中的集体精神塑造,是民族发展进步过程中强大的支撑力量。为适应新时代文化建设要求,我国急需打造一批能传承和弘扬中华民族文化、更好满足人民群众文化需求的重大文化工程。国家文化公园依托国家所有的重要文化遗产如遗址、建筑、雕塑、文化景观、线性遗存及复合遗产,③其利用有助于充分挖掘文化内涵,盘活文化资源,创新文化产品,为人民群众提供更多喜闻乐见的"精神食粮"。

二、战略要求:文化强国战略要求弘扬中华优秀传统文化坚定文化自信

国家繁荣昌盛离不开文化软实力的支撑。建设文化强国,旨在增强我国文化实力,对内传承中华民族精神命脉,坚定文化自信,增进民族认同感,对外提高中华文化影响力,塑造中国形象。习近平总书记在山东曲阜考察时指出:"一个国家、一个民族的强盛,总是以文化兴盛为支撑的,中华民族伟大复兴需要以中华文化发展繁荣为条件。"④为达成社会主义文化强国目标,完成举旗帜、聚民心、育新人、兴文化、展形象的使命任务,⑤推动文化建设取得重大历史性成就,就必须繁荣文化事业,发展文化产业,建设文化工程。

---

① 冷溶:《正确把握我国社会主要矛盾的变化》,《人民日报》2017年11月27日。
② 习近平:《决胜全面建成小康社会 夺取新时代中国特色社会主义伟大胜利——在中国共产党第十九次全国代表大会上的报告》,中华人民共和国中央人民政府,https://www.gov.cn/zhuanti/2017-10/27/content_5234876.htm,2017-10-27。
③ 孙华:《国家文化公园初论——概念、类型、特征与建设》,《中国文化遗产》2021年第5期。
④ 李翔海:《中华民族伟大复兴需要中华文化发展繁荣——学习习近平同志在山东考察时的重要讲话精神》,《求是》2013年第24期。
⑤ 《习近平在全国宣传思想工作会议上强调 举旗帜聚民心育新人兴文化展形象 更好完成新形势下宣传思想工作使命任务》,《党建研究》2018年第9期。

国家文化公园是文化强国战略的重要抓手。文化是一个民族屹立世界之林的身份象征,是综合国力的重要体现。要凝魂聚气、固本培元,必须扎根于文化历史根脉,即中华优秀传统文化。国家文化公园是中华优秀传统文化的载体,作为文化开发利用的新模式,它整合区域内具有重大意义的文物与文化资源,着力构建中华民族共同的精神标识,形成中华民族独特的有代表性的文化符号。不仅如此,国家文化公园的建设将更广泛更深层地激活文化,更多元更灵活地运用文化要素,使文化焕发活力,进一步扩大文化影响力。

三、发展需要:高质量发展要求提升文旅品质增强文旅产业竞争力

"十四五"时期,旅游步入高质量发展阶段。我国旅游业发展40多年,在成长为世界重要的客源国与目的地的过程中,旅游市场也发生着变化。我国旅游市场的供求矛盾从数量不足变为品质不一。我国旅游业现代化水平不高,在发展中存在着旅游资源丰富但旅游品牌竞争力不强、文化资源优势强但创新与利用效率不高、旅游可持续发展水平不高、旅游市场监管不到位等一系列问题。旅游高质量发展系统是旅游发展方式、旅游产业结构、旅游增长动力等一系列要素相互作用的综合体,旅游发展方式由粗放外延向集约内涵转变,旅游产业结构由供求不平衡、低端化向合理化、高度化转变,旅游增长动力由要素投入向创新创意驱动转变,最终增强我国旅游业的创新力、竞争力与可持续发展力。①

国家文化公园是文化和旅游产业高质量发展的迫切需要。"十四五"以来,文旅融合"深融真融"的声音不断得到响应,文旅产品及业态不断丰富,融合效果初步显现。但要提高旅游内涵、激发文化活力、转换旅游发展动能,还需进行持续探索。国家文化公园这一文化工程可作为新时期我国社会前进的精神动力,作为创新的重要源泉,助力新时代文化创造性转化、创新性发展,打造出

---

① 何建民:《新时代我国旅游业高质量发展系统与战略研究》,《旅游学刊》2018年第10期。

一条促进为文化旅游持续优化的新路径,文旅融合深度践行的新路径,在文化效益发挥、旅游业态创新、文化要素活化等方面发挥重要作用。

四、体制变革:管理理念发展要求破除体制局限提升管理效率

随着文化遗产管理理念的发展,我国文化遗产管理体制也面临着挑战与机遇。我国经济社会不断发展,各行各业都掀起了市场化改革的浪潮,但管理体制与机制僵化带来的问题仍制约着文化事业及产业的发展。文化遗产管理陷入静态管理与动态环境不相适应、刚性保护与价值利用错位发展、管理主体与利益诉求不匹配和评估体系不完备等困局,[1]造成多头领导、条块分割、监督缺位、法规缺失、资金不足等问题。[2]要使文化遗产焕发新生,首先就要破除体制局限,完善管理模式,提升管理效率。

国家文化公园是文化遗产管理体制机制改革的重要创举。此时建设国家文化公园能够为文化遗产管理带来变革机遇,从而克服旧体制束缚,探索新体制。国家文化公园是巨型文化遗产,在管理上需沿线省区市统筹协调,既要克服空间约束,统一发展战略,又要根据本地资源灵活发展;在保护上需兼顾物质与非物质文化遗产,既要维护修缮破损文物又要注重非遗活化;在利用上需创新业态融合发展,既要开发文化旅游产品又要保证资源可持续利用,这对我国文化遗产管理体制机制来说,是巨大的考验,也是改革的机遇。

综合来看,为了满足新时代人民对美好生活的需求,同时响应国家文化强国的战略,为深化文旅融合推动文旅高质量发展、促进遗产管理体制变革,国家文化公园开始规划建设,以期立足于我国丰富的遗产资源,弘扬中华精神,树立文化自信。

---

① 李丰庆、刘成:《中国文化遗产管理发展与管理模式构建研究》,《西北大学学报(哲学社会科学版)》2021年第4期。

② 邹统钎、金川、王晓梅:《中国遗产旅游资源管理体制的历史演变、问题及改革路径研究》,《资源科学》2013年第12期。

第二节 国家文化公园建设的指导思想

国家文化公园建设指导思想蕴含着古今中外文化遗产保护与发展理念的精华。中共中央办公厅、国务院办公厅发布的《长城、大运河、长征国家文化公园建设方案》中指出,国家文化公园建设以习近平新时代中国特色社会主义思想为指导,全面贯彻党的十九大精神,以长城、大运河、长征沿线一系列主题明确、内涵清晰、影响突出的文物和文化资源为主干,生动呈现中华文化的独特创造、价值理念和鲜明特色,促进科学保护、世代传承、合理利用,积极拓展思路、创新方法、完善机制,做大做强中华文化重要标志。[①]国家文化公园概念以习近平新时代中国特色社会主义思想为科学引导,扎根于中华优秀传统文化、革命文化,同时借鉴西方文化遗产保护理念,顺应时代发展,引领实践潮流,必将深刻改变我国文化遗产保护与管理事业格局,进一步推进我国文化事业向纵深发展。

一、以习近平新时代中国特色社会主义思想为指导

国家文化公园是"十四五"时期国家深入推进的重大文化工程,是新时代统筹推进"五位一体"总体布局,协调推进"四个全面"战略布局的重要举措。近年来,习近平总书记高度重视文化遗产的保护与管理,其中重要的观点和意见如表1-1所示。国家文化公园以马克思主义文化观为价值基础,融合"满足人民的美好生活""加强精神文明建设""繁荣文化事业产业""创新文化发展模式"等指示与要求,是马克思主义文化观中国化、时代化的集中体现。

[①] 中共中央办公厅、国务院办公厅印发《长城、大运河、长征国家文化公园建设方案》,中华人民共和国中央人民政府,https://www.gov.cn/zhengce/2019-12/05/content_5458839.htm,2019-12-05。

表1-1 习近平总书记关于文化遗产管理的重要指示

时间	会议（活动）	相关内容整理
2020年4月20日至23日	习近平总书记在陕西考察	要加大文物保护力度，弘扬中华优秀传统文化、革命文化、社会主义先进文化，培育社会主义核心价值观，加强公共文化产品和服务供给，更好地满足人民群众精神文化生活需要
2020年5月11日	习近平总书记在山西云冈石窟考察	发展旅游要以保护为前提，不能过度商业化，让旅游成为人们感悟中华文化、增强文化自信的过程。要深入挖掘云冈石窟蕴含的各民族交往交流交融的历史内涵，增强中华民族共同体意识
2020年9月28日	习近平总书记主持十九届中央政治局第二十三次集体学习	要把历史文化遗产保护放在第一位，同时要合理利用，使其在提供公共文化服务、满足人民精神文化生活需求方面充分发挥作用
2020年11月12日至13日	习近平总书记在江苏考察	希望大家共同保护好大运河，使运河永远造福人民……为大运河沿线区域经济社会发展、人民生活改善创造有利条件
2021年3月22日	习近平总书记在福建省武夷山市考察	要特别重视挖掘中华五千年文明中的精华，弘扬优秀传统文化
2021年6月25日	习近平总书记主持十九届中央政治局第三十一次集体学习	要本着对历史负责、对人民负责的态度，深入开展红色资源专项调查，加强红色遗址、革命文物保护工作，统筹好抢救性保护和预防性保护、本体保护和周边保护、单点保护和集群保护等
2021年7月1日	习近平总书记在庆祝中国共产党成立100周年大会上的讲话	坚持把马克思主义基本原理同中国具体实际相结合、同中华优秀传统文化相结合
2021年7月16日	习近平主席向第44届世界遗产大会致贺信	世界文化和自然遗产是促进不同文明交流互鉴的重要载体。中国本着对历史负责、对人民负责的精神，推动文明对话，促进交流互鉴，支持世界遗产保护事业，共同守护好全人类的文化瑰宝和自然珍宝，推动构建人类命运共同体
2021年10月17日	习近平总书记致仰韶文化发现和中国现代考古学诞生100周年的贺信	努力建设中国特色、中国风格、中国气派的考古学，更好展示中华文明风采，弘扬中华优秀传统文化
2022年1月27日	习近平总书记考察调研世界文化遗产山西平遥古城，就保护历史文化遗产、传承弘扬中华优秀传统文化发表重要讲话	历史文化遗产承载着中华民族的基因和血脉，不仅属于我们这一代人，也属于子孙万代。要敬畏历史、敬畏文化、敬畏生态，全面保护好历史文化遗产，统筹好旅游发展、特色经营、古城保护，筑牢文物安全底线，守护好前人留给我们的宝贵财富

表格来源：根据新闻及文件自行整理。

（一）马克思主义文化观是国家文化公园建设的价值基础

在马克思主义哲学体系中，人是创造历史的主体力量，"人们自己创造自己的历史"。国家设施、法的观点、艺术以致宗教观念，都是在经济基础上发展起来的，[①]"人们的观念、观点和概念，也就是说，人们的意识，随着人们生活条件、人们的社会关系、人们的社会存在的改变而改变"[②]，由此可以看出，文化是有民族、阶级之分的。人们在直接碰到的、既定的、从过去承继下来的条件下创造历史，前人遗留下来的材料、资金和生产力奠定了当代生产生活的基础，传统的思想观念、风俗习惯、生活方式和情感样式凝结成当代人最深层的文化基因和精神追求，[③]这说明文化也同时具有继承性和开放性。

文化对政治、经济具有能动的反作用。适应时代发展的文化能够对经济产生推动和促进作用，尤其是社会价值观能够正确引导经济发展的方向。文化作为改造和变革社会的物质力量，不仅可以涵养人的精神境界，更是使人获得独立、解放与发展的强大精神武器。[④]国家文化公园的建设将在新的战略层面上继承并发展中华优秀传统文化，并起到文化育人的作用，在全社会培育并形成良好的文化道德风尚，促进民族文化新觉醒，推动理论创造新成果。

（二）以人民为中心是国家文化公园建设的初心与动力

习近平总书记高度重视人民群众的需求，在新的社会主要矛盾下，提出要切实加大文物保护力度，推进文物合理适度利用，使文物保护成果更多惠及人民群众；[⑤]国家文物局出台的《文物建筑开放导则》和《大遗址利用导则（试行）》突出了新时代文化遗产保护以人为中心、包容参与的共享理念；《古城保护正定宣言》提出"保护古城，必须坚持以人为本"[⑥]。中共中央办公厅、国务院办公厅印发的《关于进一步加强非物质文化遗产保护工作的意见》提出，坚

---

① 《马克思恩格斯选集（第3卷）》，人民出版社2012年版，第1002页。
② 《马克思恩格斯选集（第1卷）》，人民出版社2012年版，第420页。
③ 弓昭民：《马克思传统文化观的历史演进、精神实质与当代价值》，《思想教育研究》2022年第3期。
④ 牛思琦：《马克思恩格斯文化观的基本问题论要》，《马克思主义文化研究》2021年第2期。
⑤ 张毅、袁新文、张贺、王珏：《保护好中华民族精神生生不息的根脉》，《人民日报》2022年3月20日。
⑥ 李韵：《〈正定宣言〉聚焦古城保护》，《光明日报》2013年12月26日。

持以人民为中心，着力解决人民群众普遍关心的突出问题，不断增强人民群众的参与感、获得感、认同感。①党和国家反复强调"以人为本"，这充分说明，我国现阶段文化遗产工作的出发点与落脚点都是人民群众。文化遗产具有社会属性和公益属性，让文物古迹服务公众，将文化遗产作为城市文化和经济发展的重要资源，将文化遗产的保护和活化利用，作为提升公众生活品质的手段。②

国家文化公园体现了"以人民为中心"的文物保护观。丰富多样的文化产品是提高人民生活水平、满足人民对美好生活向往的重要保障。国家文化公园是中华民族共有的精神家园，国家文化公园所保育的文物与各类文化资源都是几千年来人民群众集体创造的成果，蕴含了劳动人民的智慧。国家文化公园拓展了文物保护新模式，创新了文化旅游新业态，最大限度地展示了我国物质文化遗产与非物质文化遗产的魅力，充分发挥遗产的旅游价值、科考价值、文化价值和环境价值，③保护好、传承好这些文化遗产是对历史负责、对人民负责的做法。

（三）构建共同体意识是国家文化公园的历史使命

习近平总书记提出了中华民族共同体与人类命运共同体理念。他指出，铸牢中华民族共同体意识，就是要引导各族人民牢固树立休戚与共、荣辱与共、生死与共、命运与共的共同体理念。④要铸牢中华民族共同体意识，就要增进各族群众对伟大祖国、中华民族、中华文化、中国共产党、中国特色社会主义的认同⑤。而加强中华民族大团结，长远和根本的是增强文化认同，文化认同是最深层次的认同，是民族团结之根、民族和睦之魂。⑥在复杂的国际局势下，

---

① 中共中央办公厅、国务院办公厅印发《关于进一步加强非物质文化遗产保护工作的意见》，中华人民共和国中央人民政府，https://www.gov.cn/gongbao/content/2021/content_5633447.htm，2021-08-12。

② 郑军：《以人为本，守护文化遗产》，《人民日报》2021年8月10日。

③ 梁学成：《对世界遗产的旅游价值分析与开发模式研究》，《旅游学刊》2006年第6期。

④ 中共国家民委党组：《以铸牢中华民族共同体意识为主线　推进新时代党的民族工作高质量发展的纲领性文献》，《人民日报》2021年11月8日。

⑤ 中共中央印发《中国共产党统一战线工作条例》，中华人民共和国中央人民政府，https://www.gov.cn/zhengce/2021-01/05/content_5577289.htm，2021-01-05。

⑥ 《筑牢中华民族共同体的思想基础》，《人民日报》2014年10月10日。

"中华民族共同体"概念有着格外深刻的意义，这是增进"五个认同"、促进民族团结的情感依托、思想前提和文化归依，代表着各民族水乳交融、唇齿相依、休戚相关、荣辱与共的观念，从而把各族人民紧紧团结在中华民族大家庭中。[①]培养中华民族共同体意识，要通过中华传统文化教育和民族地区历史文化教育，积极探索以文化促进交往，以交往增进交流，在交流中实现交融的路径，尊重多元，包容多样，相互尊重，巩固一体。[②]

习近平主席于2017年1月18日在联合国日内瓦总部的演讲中指出，构建人类命运共同体要坚持对话协商、坚持共建共享、坚持合作共赢、坚持交流互鉴、坚持绿色低碳，让人类文明熠熠生辉。[③]人类命运共同体理念谋求开放创新、包容互惠的发展前景，以相互尊重、彼此借鉴、和谐共存来促进和而不同、兼收并蓄的文明交流，营造公道正义、共建共享的安全格局。[④]在世界多极化和经济全球化的当下，文化合作所面临的现实冲突最小，也是最容易达成一致目标、构建同一认识的方面。文化虽多元，但相互之间不存在根本利益上的矛盾，文化具有强大的包容性与内聚力，只要各文化间彼此尊重，求同存异，就能和谐相处、互鉴互补。正如习近平主席在上海合作组织成员国元首理事会第十八次会议上发表重要讲话时指出的，坚持弘扬平等、互鉴、对话、包容的文明观，以文明交流超越文明隔阂，以文明互鉴超越文明冲突，以文明共存超越文明优越。[⑤]

国家文化公园是传承并展示中华民族共同历史的重要工具。国家文化公园宏大的空间体系承载着中华民族共同的记忆，从而凝聚着中华民族的集体精神与价值追求，有利于融汇民族力量，增强国家认同。同时，国家文化公园是中华文化对外交流的媒介与窗口，发挥着文化纽带作用，促进了国际间的相互尊重与理解。

---

① 王延中：《铸牢中华民族共同体意识　建设中华民族共同体》，《民族研究》2018年第1期。

② 孙秀玲：《正确认识"多元一体"是培养中华民族共同体意识的关键》，《红旗文稿》2016年第10期。

③ 习近平：《共同构建人类命运共同体——在联合国日内瓦总部的演讲》，《光明日报》2017年1月20日。

④ 习近平：《携手构建合作共赢新伙伴　同心打造人类命运共同体》，《人民日报》2015年9月29日。

⑤ 俞懿春：《文明交流互鉴　梦想同频共振》，《人民日报》2022年5月21日。

二、中华优秀传统文化是国家文化公园的历史支撑

国家文化公园的建设体现了"大一统"与"天下观"的中国传统思想。国家文化公园构建了一个统一的文化符号,作为中华民族的精神载体,树立中华民族的精神标识。国家文化公园是中华优秀传统文化的集中展示空间,这些巨型文化遗产跨地辽阔,同一国家文化公园虽有着共同的主题,但也给了不同地域的独特文化展现的空间,二者相辅相成,以强化民族认同。

(一) "大一统"观念奠定了中华民族团结一体的文化基调

中华文化从诞生之初就形成了兼收并蓄的特征。夏朝之初,先进的中原文化不断同化改造周边外族与别族习俗,各族之间逐渐融合发展,形成中华文化体系的雏形。我国的家国观念深入人心,自古以来就崇尚民族团结,国家统一。"大一统"文化概念始于春秋战国,[①]墨子曰"同天下之义",孟子提出"天下定于一"的观点,就此奠定了"天下一统"的基调。秦始皇扫六合,车同轨,书同文,统一度量衡、统一货币等,初步在政治、经济、文化等方面实现"大一统"格局。国土疆域的统一奠定了统一的中华多民族国家的地理基础,儒家思想主体地位的确立统一了中国人的思维观念与民族精神,中华民族强大的凝聚力与中华文化的自我认同感形成了中华大一统的文化向心力。[②]"四海之内皆兄弟""华夷共祖"观生成了紧密的文化纽带,使文化族群观念更加深厚,形成了一种文化"漩涡",当较弱的文化力量与之博弈时,都因其强大的包容力而主动认同,自觉归化,从而不断强化中华民族的文化凝聚力。

(二) "天下观"构成了中华优秀传统文化兼容并包的思想底蕴

"天下观"蕴含了中国兼容并包的凝聚意识。中国古代"天下观"摒弃了界线分明的领土意识,代之以"四海""王土"等模糊的疆域概念,这种开放式的疆域观加速了中华各族的融合,巩固了"大一统"思想下的国家体系。"天下观"表现在文化层面即兼收并蓄。孟子云:"穷则独善其身,达则兼济天下。"

---

① 陈理:《"大一统"理念中的政治与文化逻辑》,《中央民族大学学报(哲学社会科学版)》2008年第2期。

② 陈喜波、韩光辉:《中国古代"大一统"思想的演变及其影响》,《中共中央党校学报》2005年第3期。

对待不同文化之间的矛盾与差异，中华文化的天下观主张求同存异，各类文化都是中华文化的组成部分，没有高低优劣之分，不同文化之间和而不同，讲究整体观念，天下大同。英国学者马丁·雅克就曾表示：欧洲人不懂，中国从来都不只是单纯的国家，而是"伪装"成国家的文明。

"大一统"思想与"天下观"相契合成为中华文明绵延长续的重要思想动力，也是中华文明成为世界上唯一不曾中断的文明的内在重要根源。①梁漱溟先生曾论述中国的"天下观"是"超国家主义"，它超越了国家和种族，是"文化至上"。②在现代国家意识下，重塑"天下一统"观念是树立文化自信、唤醒文化认同、凝聚集体意识的重要一步。国家文化公园蕴含着中国古代哲学观的大智慧，有助于塑造民族精神，延续文明血脉，对于在精神上引领民众，铸牢中华民族共同体，塑造价值共有、精神同源、利益相连的文化符号，强化国家民族意识具有重要的指导作用。

（三）"天人合一"形成了中华民族生态文明思想的核心内涵

中华民族自古以来就强调"天人合一""万物平等"的自然整体观与自然价值观。早在先秦时期，以老子、庄子为代表的道家就提倡"道法自然"，强调"天地与我并生，而万物与我为一"；③同时，儒家也主张"仁民爱物"，自此奠定了我国传统哲学中的"天人合一"精髓。汉代董仲舒围绕天人关系进行探索与追寻，提出"天人之际，合而为一"，他认为人与自然同属一个系统，建立起"天人感应"学说。在农业社会背景下，我国古代哲学诠释了人与自然的关系，并寻求人类社会发展与自然环境之间的平衡，这种"天人合一"的观念时至今日仍然适用于处理生态与发展的关系，在当今社会仍能发挥较大的指导意义。

我国国家文化公园工程兼具文化意义与自然价值。如大运河、黄河、长江三个国家文化公园，不仅承担着推动新时代文化繁荣发展的任务，也具有保护

---

① 吴玉敏：《中华文化核心价值与民族凝聚力探源——中华"大一统""天下"观等传统思想之现代解读》，《江苏省社会主义学院学报》2010年第4期。

② 梁漱溟：《梁漱溟全集》第3卷，山东人民出版社1990年版，第162页。

③ 郭象注，成玄英疏：《庄子注疏》，中华书局2011年版，第44页。

国家重大水利工程，涵养中华民族母亲河，保护流域内生物栖息地等功能，且国家文化公园建设也注重环境配套工程的建设，确保生态保护与文化传承兼而有之，这也是我国传统哲学思想"天人合一"自然观的体现。国家文化公园的文化意义依托于自然资源才能更完整地呈现，因此，国家文化公园也具有肩负保护生态系统和生态屏障安全的使命。

（四）"自强不息"是中华民族的精神品格与中华民族生生不息的力量源泉

"自强不息"是中华民族的精神品格，在长城精神、长征精神中得到了集中展示。长城精神代表着中华民族在保家卫国过程中形成的坚韧自强、众志成城精神，[①]包括爱国主义、民族团结精神、勇敢无畏、坚忍不拔与刚正不阿精神；[②]长征精神体现为把全国人民和中华民族的根本利益看得高于一切，坚定革命的理想和信念，坚信正义事业必然胜利的精神；为了救国救民，不怕任何艰难险阻，不惜付出一切牺牲的精神。[③]

国家文化公园工程立意深远，影响深刻，其指导思想充分吸取了中华民族传统文化与哲学思想的精髓。除"大一统""天下观""天人合一"与"自强不息"等思想与精神外，还有"求同存异""和而不同"等文化多样性思想，国家文化公园的公益性也体现着"民为本"的人民至上立场，而且，国家文化公园的建设本身就体现着中华民族"团结就是力量"与"集中力量办大事"的优良品质。

三、世界文化遗产管理理论与实践为国家文化公园建设与管理提供借鉴

国家文化公园作为巨型文化遗产，其保护理念吸取了国际遗产保护思想的精华，管理与开发方式一定程度上借鉴了线性文化遗产（Lineal Cultural

---

① 陈同滨、王琳峰、任洁：《长城的文化遗产价值研究》，《中国文化遗产》2018年第3期。
② 冯清华、卢颖：《长城文化中的民族精神传承》，《人民论坛》2017年第25期。
③ 中国军事百科全书编审室：《中国大百科全书·军事》，中国大百科出版社2007年版。

Heritages）的做法。对于大型文化遗产的理论研究与实践探索，文化线路（Cultural Routes）、遗产廊道（Heritage Corridor）与国家公园（National Park）已形成较为成熟的理论体系。国家文化公园是线性文化遗产保护传承与利用的新实践，在保护理念上借鉴上述三种保护实践的相关理论与具体做法，有利于国家文化公园的整体性保护与融合性发展。

（一）文化遗产保护的真实性与完整性原则

真实性与完整性一直是西方文化遗产保护理念的主流。1931年，《有关历史性纪念物修复的雅典宪章》提出"保留完整信息、选择性保留、整体搬迁"①，拉开了文化遗产修复保护理念入国际宪章的序幕。1964年《威尼斯宪章》提出"古迹保护应注重原真性和整体性"，1975年《阿姆斯特丹宣言》提出整体性保护的具体原则：地方机构负责与市民参与，立法与行政手段相协调，需要适当的财政手段，改进修缮、复原的方法、技术和工艺。②1994年的《关于原真性的奈良文件》提出"原真性应扎根于各自文脉关系之中"，2005年通过的《关于历史建筑、古遗址和历史地区周边环境保护的西安宣言》指出"减少城市进程对文化遗产的真实性、意义、价值、完整性和多样性的威胁"③。多个国际宪章都对文化遗产的原真性和完整性进行了强调与重申。国家文化公园建设要吸取先进的遗产保护思想，促进我国珍贵的文化遗产可持续利用与活化式发展。

（二）欧洲文化线路实践

"文化线路"思想最早由欧洲理事会（Council Of Europe，简称COE）1964年提出。1987年，欧洲第一条文化线路圣地亚哥·德·孔姆波斯特拉朝圣之路（Santiago de Compostela）将"文化线路"变为现实。1998年，国际古迹遗址理事会（International Council of Monuments and Sites，简称ICOMOS）成立了文化线路科技委员会（The ICOMOS International Scientific Committee on Cultural

① "The Athens Charter for the Restoration of Historic Monuments"，ICOMOS，1931.
② 李模：《从文化遗产保护国际文件看文化遗产保护理念的发展》，《史志学刊》2015年第2期。
③ "Xi'an Declaration on the Conservation of the Setting of Heritage Structures"，*Sites and Aeras*，ICOMOS，2005.

Routes，简称CIIC）。2008年，ICOMOS第16届大会上通过的《ICOMOS文化线路宪章》中指出，文化线路概念是跨越国家界限，将共同遗产联合保护起来的新模式[1]。文化线路的本质是与一定历史相联系的人类交往和迁移的路线，包括城镇、村庄、建筑等文化元素与山脉、植被等自然元素[2]。文化线路是一条交流之路，强调不同地区、不同民族间因"持续交流"而产生的"文化融合"现象[3]。

文化线路强调整体跨文化性与动态性[4]。文化线路包含的文化遗产较为复杂，既包括物质形态的建筑群、遗址遗迹，也包括非物质形态的故事传说、民俗仪式等文化景观，因此在文化线路的保护实践中，格外重视整体环境的保护。1964年通过的《国际古迹保护与修复宪章》（即《威尼斯宪章》）就强调"古迹不能与其所见证的历史和其产生的环境分离"[5]，保护文化必须将文化氛围与历史空间一同保护起来，并肯定了环境氛围对遗产整体真实性和意义价值的涵养作用。另外，文化线路一般跨越较广的地理范围，有时也穿越较多的行政界线。文化线路促进了不同区域间人员的迁徙、思想的交流、商品的交换，长此以往也促进了"线路精神"的形成，使文化线路具备了物理连接性和精神关联性的特征。有的文化线路其精神和价值取向已经固定下来，而有的线路其历史文脉仍在发展，其精神表征还在不断生成，价值空间还在不断扩张。

我国国家文化公园突破了原先异地保护、静态保存的文物保护模式，转向整体保护、就地保护的先进保护理念，充分吸收了文化线路理念的整体性保护方式，将遗址遗迹与其周边环境一同保护起来，更加适应国家文化公园辐射范围广域性、文化要素复杂性与价值功能多样性的特点，同时更有助于国家文化公园文化意义的深化、渗透与升华，是文化与遗产的活化留存。

---

[1] "The ICOMOS Charter on Cultural Routes", ICOMOS，2008.
[2] 李伟、俞孔坚：《世界文化遗产保护的新动向——文化线路》，《城市问题》2005年第4期。
[3] 陶犁、王立国：《国外线性文化遗产发展历程及研究进展评析》，《思想战线》2013年第3期。
[4] 王丽萍：《文化线路：理论演进、内容体系与研究意义》，《人文地理》2011年第5期。
[5] "Interational Charter for the Conservation and Restoration 0f Monuments and Sites（The Venice Charter）", ICOMOS, 1964.

（三）美洲遗产廊道理念

遗产廊道发端于美国，是"绿线公园—国家保护区—绿道"思想进化的产物。遗产廊道是拥有特殊文化资源集合的线性景观，并通常是带有明显的经济中心、蓬勃发展的旅游、老建筑的适应性再利用、娱乐及环境改善特征的线性景观。[①]如果说文化线路是从文化意义出发强调线路的文化影响，强调交流与对话，那么遗产廊道则以经济效益为目标，兼具生态效益和服务生活的功能。在空间规划上看，遗产廊道由绿色廊道、游步道、遗产和解说系统构成，在整治环境、生态恢复、文化保育、旅游观光、遗产利用方面发挥着重要作用。

遗产廊道具有完备的法律保障和管理体系。以美国的遗产廊道来说，它隶属于美国国家公园管理体系，美国国家公园管理局（National Park Service，简称NPS）是其最高监督和管理支持机构，为遗产廊道提供技术和资金支持；联邦和州立机构具体负责廊道的保护、解释计划、教育与娱乐建设；非营利组织、私人组织及政府机构等构建合作网络对廊道的法律保护、环境规划、经济投资、协助管理、历史保护提供辅助支持。[②]遗产廊道是文化、自然、非物质三位一体的大型遗产，与文化线路相比，突出政治、经济和教育三大功能，也重视自然生态的保护。[③]

我国国家文化公园是具有保护传承利用、文化教育、公共服务、旅游观光、休闲娱乐、科学研究多种功能的公共文化空间。国家文化公园中不乏生态脆弱或生物多样的区域，国家文化公园在突出文化意义的同时，也注重打造和谐的自然环境与生态空间，承担生态涵养和物种保护的作用。国家文化公园与居民社区联系密切，周边古镇村落不仅是国家文化公园发挥功能的重要载体，也是国家文化公园接待游客、实现经济效益的重要节点，因此国家文化公园也具有拉动地方经济，为居民社区创收的功能。在管理思想上，国家文化公园的国家统筹、地方协同、分段管理、分区管理等充分借鉴了遗产廊道的管理

---

① Searns R M，"The Evolution of Greenways as an Adaptive Urban Landscape Form"，*Landscape and Urban Planning*, 1995，（33）：65-80.

② 王志芳、孙鹏：《遗产廊道——一种较新的遗产保护方法》，《中国园林》2001年第5期。

③ 李飞、宋金平：《廊道遗产：概念、理论源流与价值判断》，《人文地理》2010年第2期。

经验,助力国家文化公园形成运行高效、科学完善的管理体制机制。

(四)国家公园发展为国家文化公园提供参照样本

国家公园最早起源于19世纪60年代的美国,1872年,世界上最早的国家公园美国黄石国家公园设立。1994年,世界自然保护联盟(International Union for Conversation of Nature,简称IUCN)将国家公园纳入自然保护地体系,并定义国家公园为"是指大面积的自然或近自然的区域,用以保护大尺度的生态过程以及这一区域的物种和生态系统特征,同时提供与其环境和文化相容的精神享受、科学、教育、娱乐和参观的机会"[1]。

公益性、国家主导性与科学性是国家公园的根本特性。[2]美国的国家公园施行的是中央政府管理模式,由内政部下的国家公园管理局统一管理,形成"国家管理局—地区管理局—基层管理局"的垂直管理体系,充分发挥国家公园的保护、教育与游憩等功能,是引导民众树立国家自信和民族认同的重要载体。[3]美国的国家公园规划都以法律要求为框架,在法规文件的指导下进行建设与发展,避免了项目的乱搭乱建。同时国家公园注重公众参与,《国家环境政策法》要求联邦各政府机构必须引入公众参与机制和环境影响评价内容。[4]亚洲最早建立国家公园制度的日本在其《自然公园法》中也规定"国家公园要实现为国民提供保健、休养、教化等目的"[5],创设"公园管理团体"来推动民间团体和市民参与公园管理。

---

① "IUCN Category II - National Park",*The UN Environment Programme World Conservation Monitoring Centre (UNEP-WCMC)*, https://www.biodiversitya-z.org/content/iucn-category-ii-national-park.
② 陈耀华、黄丹、颜思琦:《论国家公园的公益性、国家主导性和科学性》,《地理科学》2014年第3期。
③ 邹统钎、郭晓霞:《中国国家公园体制建设的探究》,《遗产与保护研究》2016年第3期。
④ 杨锐:《美国国家公园规划体系评述》,《中国园林》2003年第1期。
⑤ 杨桂华:《旅游景区管理》,科学出版社2006年版,第21页。

第三节　国家文化公园建设的基本原则

一、保护优先，强化传承

2022年1月，习近平总书记在山西考察时指出，历史文化遗产承载着中华民族的基因和血脉，不仅属于我们这一代人，也属于子孙万代。[①]文化遗产作为人类社会发展的一种历史见证，既包含着一个国家所具有的独特精神品质，又能折射出一个国家在漫长时间历程中形成的思维模式。作为人类智慧的结晶与人类文明的象征，其通过有形和无形特征得以呈现，然而两者都在当今高速发展的世界中面临着来自自然环境、人类活动和技术发展多重因素的风险，并在以一种令人扼腕的速度消失。如何保护、利用和传承这些宝贵的不可再生资源，是摆在全人类面前的重大课题。

两次世界大战后，人们深深为在战争中湮灭的历史建筑、古老城镇和艺术珍宝等痛心疾首，对幸存下来的国家宝藏和民族遗产倍加珍惜，并以此作为民族精神的支柱和身份认同的标识。文化遗产保护思想于此时便从欧洲扩散开来，逐渐在全球形成保护共识。保护文化遗产始终是国际社会制定相关文件的基本原则与根本目的，《威尼斯宪章》第六条规定，保护历史遗迹意味着保护其周边相当范围的环境，保留现有的传统环境，绝不容许任何新建、拆除或者改动行为导致群体和色彩关系的改变。[②]《威尼斯宪章》为文化遗产保护打下了扎实的社会基础，并不断在ICOMOS和联合国教科文组织（UNESCO）等一系列组织的国际会议与国际公约、建议、宣言和宪章中得到完善，遗产保护的空间范围也从单体建筑逐步扩展到集群式遗产、大遗址、文化街区、历史城镇、文化线路。[③]随着世界遗产委员会于2003年委派ICOMOS在《保护世界文化和

---

① 张毅、袁新文、张贺、王珏：《保护好中华民族精神生生不息的根脉》，《人民日报》2022年3月20日。
② "International Council on Monuments and Sites"，*Venus Charter*，1964-05.
③ 李飞、邹统钎：《论国家文化公园：逻辑、源流、意蕴》，《旅游学刊》2021年第1期。

自然遗产公约》的实施文件中加入"文化线路"保护理念，[①]欧洲国家在共同价值观的基础上构建起遗产与旅游联合框架。"文化线路"的保护理念侧重对具有"欧洲统一"象征意义的主题、历史和文化的挖掘，并被《世界遗产名录》划分成运输线路、贸易线路、宗教线路和线性遗产四种类型。另一具有相似性的遗产廊道理念也被提出。美国基于本国国家公园体系，将线性景观作为地方经济中心开发，在文化遗产沿线的保护范围中涉及县与社区，以自然、经济、文化多目标并举，努力以区域协作实现廊道管理有效性。

基于国际文化遗产保护理念的多年沉淀与成功示范，我国根据本国文化遗产具有跨区域、跨文化、跨古今的特性，提出线性文化遗产保护理念。线性文化遗产从文化线路中衍生而来，遗产种类丰富，有河流峡谷、交通线路等多种形式，[②]遗产类型包括文化线路、遗产廊道、历史路径、线状遗迹等，所涵盖的遗产类型更加丰富多样，具有明显的时空延续性特征。线性文化遗产保护理念对具有连续地域性特征（线性或带状分布）的大型文化遗产保护进行指导，从文化遗产本体出发，对区段性空间保护进行规划。

国家文化公园正是在此理论指导下诞生的国际首创新概念，在探索建立大型文化遗产保护利用模式上起到先锋作用，促进文化保护的原真性、完整性、多样性。建设国家文化公园是以习近平同志为核心的党中央的重大决策部署，以长城、大运河、长征、黄河和长江为主题，构成国家线性文化遗产网络，成为赓续民族基因，传承民族力量，续写民族传奇，坚定文化自信的重要形式。与以建设生态文明，实现人与自然和谐发展为初衷的国家公园体系相比，国家文化公园在原本国家公园的效能和责任的基础上，以公园的形式搭建保护文化遗产的平台载体，增添了重要的文化传播传承的内涵。这五大国家文化公园的主题既是中华民族五千多年来团结奋进、开拓进取精神的文化象征，同时也是人类在恶劣的生态环境中不断自我改造，改造自然，两者逐渐融合的结果。

长城、大运河、长征、黄河和长江作为中华历史中最为核心的历史资源，其

---

① 李伟、俞孔坚：《世界文化遗产保护的新动向——文化线路》，《城市问题》2005年第4期。

② 单霁翔：《大型线性文化遗产保护初论：突破与压力》，《南方文物》2006年第3期。

地位无可取代,国家文化公园的建设要坚持落实保护为主,梳理分项出各类资源,第一时间抢救其沿线所应运而生的具有独一无二价值、无可替代类型的文物和文化资源,以维护中国文化保护和遗产传承的完整性、历史发展文物文化资源构成的完整性,在保护的基础上贯彻落实合理利用、加强管理的方针。2018年,习近平总书记在广东考察时指出,城市规划和建设要高度重视历史文化保护,不急功近利,不大拆大建。要突出地方特色,注重人居环境改善,更多采用微改造这种"绣花"功夫,注重文明传承、文化延续,让城市留下记忆,让人们记住乡愁。①国家文化公园建设应尤其注重对文化遗产的活化、传承、合理使用,与广大人民群众的精神文化生活深度融合、开放共享,实现联结国家不同的地域文化,唤醒追忆民族情感,平衡协调区域经济,增强国民文化自信与身份认同感。

守正创新、精益求精,文化建设的精品力作是时代向前推进的重要力量,我国的文化公园建设就是要体现新时代、新要求、新奉献。目前,在文化需求上,人民群众产生了多样化、个性化、品质化的消费期盼,这对文化服务的"数量"与"质量"提出了更高的要求。因此,从供给的视角来说,把握并满足人民的文化需要,就必须加快建设国家文化公园。国家文化公园的建成,将会展现出最独特、最有生命力、最具影响力的文化景观,让人们在参观中感受并领悟文化,从而增强民族文化认同感,树立高度的文化自觉与文化自信,同时在此过程中,国家文化公园能够实现将文化资源的保护、利用、传承有机结合。最终,国家文化公园将既是展示中华文化自信的重要标志,也是传播中华文化的重要途径,以一个开放的文化空间载体的形式,成为国际上新时代文旅融合的优秀案例。

二、文化引领,彰显特色

中国文化是中华民族发展、进步的精神纽带,是中华民族的灵魂,象征着

---

① 陈伟光、吴冰、贺林平、程远州、李刚、洪秋婷、罗艾桦、刘泰山、姜晓丹:《奋力在新征程中创造新的辉煌》,《人民日报》2022年6月15日。

国家几千年来塑造的稳重、包容的品格。保护、传承和发展文化遗产对文化活力与向心力的增强有着无可替代的作用,并进一步推动国家的发展、民族的进步。

党的十九大报告中指出,文化兴国运兴,文化强民族强。没有高度的文化自信,没有文化的繁荣兴盛,就没有中华民族伟大复兴。从国家全面实现现代化进程来看,在改革开放中全面建成小康社会后,为了满足人民不断增长的文化需求和精神需求,今后的主要目标就是文化强国建设,未来中国的形象必定是一个在文化软实力上强大的国家。党的十九届四中全会提出,坚持和完善繁荣发展社会主义先进文化的制度,巩固全体人民团结奋斗的共同思想基础。用制度保障社会主义先进文化繁荣发展,需要坚持正确发展方向、价值取向、目标导向。党的十九届五中全会审议通过的《中共中央关于制定国民经济和社会发展第十四个五年规划和二○三五年远景目标的建议》明确提出到2035年建成文化强国的战略目标,并以专门一个部分阐释"繁荣发展文化事业和文化产业,提高国家文化软实力",为今后文化发展谋篇布局、擘画蓝图。

国家文化公园建设就是要坚持社会主义先进文化发展方向,以具有鲜明中华特色的文化遗产为着力点,讲清楚中华文化的独特创造、价值理念、鲜明特色,不断赋予国家文化公园沿线文化遗产新的魅力与生命力,深入挖掘文物与文化资源精神内涵,弘扬跨越时间、空间,富有隽永魅力、颇具多元价值的文化精神,使古老的中华文明在众人的心意之间永续流淌,为社会发展、民族自信提供正确的精神指引。在我国五千多年灿烂文明历史中,不同民族的文化各具特色、丰富多元,和其他国家以民族认同、宗教认同为基础不同,中国是一个以文化认同为基础的国家,是由语言文字、历史记忆、传统价值观和共同心理特点构成的民族文化共同体,[①]因此文化认同在国家文化公园的建构中有着举足轻重的位置。

国家文化公园的核心主题,应能起到文化先锋引领、彰显中华特色的作用,不仅要与人类的诞生、起源与进化息息相关,与人民共识中的中华民族的

---

① 钟晟:《文化共同体、文化认同与国家文化公园建设》,《江汉论坛》2022年第3期。

主要历史节点有密切联系，反映出中国所蕴含的经济、社会、文化、艺术、建筑等历史资源价值，也要在漫漫历史长河乃至当今社会中发挥独一无二的作用，能够持续提供宝贵的精神价值、精神追求与中华民族伟大理念。如此，国家文化公园才能最大限度地得到国民的普遍认同，使国民产生敬意并主动与之进行精神联结，从中获得源源不断的精神力量。长城、大运河、长征、黄河、长江五大主题，需更进一步挖掘精神内蕴，它们印证着中国人民是具有伟大创造精神的人民，是具有伟大奋斗精神的人民，是具有伟大团结精神的人民，是具有伟大梦想精神的人民。在这饱含着无数伟大壮举的五大国家文化公园主题下，要反映出中国人民浸透汗水、无惧牺牲、同心同德，所创造出的瞩目成就正推动国家大步走在世界前列，要彰显出中国人民比历史上任何时期都更接近、更有信心和能力实现中华民族伟大复兴。同时，正因为这五大主题资源在中国历史发展中具有的独特地位与象征涵义，为中华民族伟大复兴起到了知古鉴今、以史资政的智慧启迪作用，国家文化公园的形象才更能体现国家形象，在国内形成强大的精神号召力，在国际上成为中华民族一张具有创新立意的名片。

三、总体设计，统筹规划

回顾历史，从1916年美国《国家公园管理局组织法》到1994年IUCN开始定义国家公园以保护生态环境、减少人类活动干扰、保证人类后代福祉为目的，到如今国家公园在实现可持续发展目标的基础上，突出社会公益性（提供教育、科研、游憩机会等），国际上国家公园体系日益成熟。在这些顶层设计制度中，美洲自上而下的垂直型、欧洲地方自治型、亚洲综合管理型等，在管理体制、财政体制、文化遗产保护等方面都做了许多有益的尝试。中国参考西方的成功经验并结合自身，在党的十八届三中全会上提出建立国家公园体制，以实现对生态系统的保护和永续利用。之后中国国家公园顶层设计不断完善，国家接连颁布多项设计方案，对国家公园的范围界定、管控分区（差别化管理）、各项重点规划内容都提出了明确的要求，在进行了10个国家公园体制试点建设的同时，于2017年开始建立起中国国家公园体制，初步形成了3种国家公园管理模式,即中央和省级政府共同管理模式、中央直管模式和中央委托省级政府管理模式。

在国际上诸多成熟的国家公园体系中,国家公园中所包含的文化因素是其重要组成部分,并且和其他类型的国家公园有着相似的管理体制、财政体制、发展目标,国家公园和国家文化公园在空间大尺度、大跨度上是一致的,也为我国国家文化公园的顶层设计提供了一定参考。国家文化公园的顶层设计借鉴国际国家公园中的文化遗产因素建设历程,从麦基诺岛国家公园代表美国对历史文化遗产价值的认可,到通过设立《国家公园管理局组织法》大面积保护历史遗迹、文化特征,再到《美国国家公园21世纪议程》提出要将利用历史遗迹、文化特征帮助人们形成共同国家意识作为国家公园管理局的核心目标。但文化遗址类国家公园缘起于对自然的保护,注意点在自然景观、历史遗迹、文化景观多方上,也有着清晰的边界范围,因此,区别于国家公园和文化遗址类国家公园,我国的国家文化公园着眼于民族复兴、文化强国和旅游发展的伟大目标,以文物和文化资源保护传承利用与文旅融合发展为核心,致力于解决中国文物保护事业、文化产业和旅游业的融合发展问题,集中打造国家文化形象这一重要标识,增进文化自信和文化软实力。

从空间上看,国家文化公园均跨越多个省份,文物和文化资源分布具有分散性;从时间上看,国家文化公园中的文物和文化资源均附着有绵延千年的历史,为了保存资源的空间完整性和历史演化脉络的完整性,国家文化公园的建设应坚持规划先行,突出顶层设计,在中央与地方之间明确事权划分,在统一文化主题、统一管理体系、统一建设标准、统一建设标识等方面下功夫,出台《长城、大运河、长征国家文化公园建设方案》《长城国家文化公园建设保护规划》《大运河国家文化公园建设保护规划》《长征国家文化公园建设保护规划》等文件,提升统筹整合能力,科学有效推进国家文化公园建设。同时,如何协同多级政府、多个部门之间的关系,城乡之间、区域之间的关系,政府、社区、社会组织和市场之间的关系,本地居民与外地游客之间的关系就需要政府充分统筹,考虑资源禀赋、人文历史、区位特点、公众需求,修订制定国家文化公园法律法规，编制建设保护规划，有效衔接实现跨地区、跨部门协同，创新长效管理机制，实现对国家文化公园整体遗产价值的保护。

然而保护线性遗产的完整性是有难度的，为了实现线性遗产管理的资源完整性与文化完整性，意大利博洛尼亚坚持在保护有价值古建筑基础上，还要保护生活在那里的居民，即"最好的保护就是使用""把人和房子一起保护"，使文物古迹仍然充满生命力。再读梁思成，他的文物保护应当"古为今用"的思想在当今仍十分先进：重修后的古桥仍然能被当今的人们使用，同时发挥出它作为历史文物在精神层面的价值，也提供了它本身作为桥梁方便交通、生活层面的价值，使其不至于脱离了本身的生产环境而独立存在。因此国家文化公园的建设也应注重展现新中国的伟大气概，发挥文物与文化资源综合效应，体现"有若无，实若虚，大智若愚"的建构智慧，使得地域性的文化遗产在不改变原有特征、组成基因的前提下，被纳入国家文化公园文化遗产体系的身躯之中，使各地域、各族群之间的文化血缘联系在一起，并最终形成整个中华民族的自我文化认同。

四、积极稳妥，改革创新

国家文化公园蕴含着中国文化的根基与世界管理经验的智慧，在新时代下创新地将各地域的文物与文化资源纳入统一主题的国家体系中，体现出意蕴深远的大国情怀。2012年党的十八大上，首次提出"人类命运共同体"这一关于全人类社会的新理念，在全球政治多极化、经济全球化、文化多元化和社会信息化的背景下，凝聚世界共识，共同应对挑战，寻求人类共同的利益与价值，展现出为世界和平稳定作贡献的合作、开放的姿态。国际层面上是求同存异，寻求各国合作协同，构建全人类的命运共同体，推导到国内层面上是寻找中华民族共同的价值观念和文化心理追求，构建中华民族文化共同体。德国社会学家滕尼斯把人的集体生活分为共同体和社区两种，两者的不同之处在于共同体（包括血缘、地缘和精神共同体）是一个整体，社区则是一个联合体。而文化共同体作为精神共同体的一种表现形式，是人类社会共同体中一种更为高级的形态。文化共同体社群的形成基于一种相同或类似价值观与文化心理，是一种具体的、独特的文化理念和精神追求，是在组织层次上的有机统一。民族文化认同对中国的形成起着举足轻重的作用，中华民族是一个在漫长时间里由多个民族长期相互碰撞、融合而成的整体。[①]

共同的语言文字、历史血脉组成了中华民族文化共同体，其精神力量的创造性转化与国家文化软实力战略目标紧密相连，在新时代中华民族伟大复兴、中华民族不断崛起的伟大征程中，在全球化的国际新环境和激烈的文明冲突中，以和平的解决方案发出中国声音。国家文化公园的建设应立足全球视野，站在中国高度，展现时代眼光，面对国内国际在文化方面遇到的新挑战、新问题，建构中国话语权、培育中华民族文化共同体，以先进的人文精神，赢得国际社会中大多数人的认同。所以，在传统文化遗产保护和使用中，国家文化公园的建设应有着更加深刻的意义，要超越单一地域、族群或历史阶段的文化，对现存的文物和文化资源进行整合，服务于中华民族复兴和中国梦的实现，构建起一个具有国家价值认同性质的宏伟时空叙事。在文化建设的过程中，国家文化公园要以源自本我的、与现代化发展趋势相吻合的内在动力，推动国家文化资源向"国家象征""国家形象""国家符号"转化，对内作为国家身份认同的重要载体，对外则成为中国形象的主要代言人。

现代遗产保护缘起于欧洲启蒙运动，其哲学基础源自17世纪笛卡尔提出的二元论。在这一观念的影响下对物质准确、客观的研究的观念主导了现代遗产保护。但在近20年间，保护思想逐渐发生转变，ICOMOS已然意识到原本的保护理论、经典原则所倡导的"真实性""可逆性""最小干预"等引起了众多学者的批判性思考与全面的审视，萨尔瓦多·穆尼奥斯·比尼亚斯在《当代保护理论》中反思到对遗产真实性的需求是为了"发现并保存物质对象的真实特性或真实状况"，而对科学知识的依赖则要求从客观的角度，避免主观思维的影响，对被保护的物质对象进行判断。在这种观念下，与遗产相关的社会群体被

---

① 余冬林、傅才武：《中华民族文化共同体的内涵、形成及历史演变》，《北京社会科学》2021年第12期。

忽略了。尽管当下国内遗产保护对象、保护范围大幅扩大,保护技术与手段不断提升,管理制度也趋于严谨,但我国的遗产保护仍然面临着不小的问题。在经济发展的背景下,文化遗产是为谁而保护、为何而保护的观念始终局限在管理者与专家之间,而与遗产关联最为密切的社会群体却被隐身。澳大利亚国立大学教授劳拉简·史密斯提出遗产本质上是文化生产的过程,制造意义(如身份认同、激发记忆等),而不同的社会群体对于同一件遗产会有不同的理解与利用方式,因此创造、利用遗产的历史感不能始终由专家主导,观众的参与同样意义重大。

国家文化公园在注重线性文化遗产和物质载体的整合时,应同时关注对其的活态利用,打破原本保护不能、利用不得的死循环,实现遗产保护从原来的"以物为本"向"以人为本"的回归,[1]将文物和文化资源还原到它本应所处的社会关系中,既着眼长远又立足当前,既尽力而为又量力而行,重新思考、规划如何使其在当今社会中继续发挥原本的作用,甚至展现精神层面的光辉。国家文化公园的建设要力求符合基层实际、得到群众认可、经得起时间检验,打造民族性世界性兼容的文化名片。社会主义文化本质上是人民群众的文化,是全民共享的文化,国家文化公园要将遗产相关群体社区、产业融入当今生产生活,实现破除制约性瓶颈和深层次矛盾。

五、因地制宜,分类指导

五大主题国家文化公园跨越多个省份,长城国家文化公园和长征国家文化公园跨越15个省区市,大运河国家文化公园跨越8个省区市,黄河国家文化公园跨越9个省区市,长江国家文化公园跨越13个省区市。这样的大型线性遗产空间的规划与管理已然不是简单地仅从国家层面推动便能完全适用于各地公园建设,还需要各省区市根据自身的资源分布、资源类型、建设能力等制定工作计划。尽管我国已经从欧洲文化线路和美国遗产廊道的研究理论中,总结出

---

① 马庆凯、程乐:《从"以物为本"到"以人为本"的回归:国际遗产学界新趋势》,《东南文化》2019年第2期。

线性文化遗产这一本土化概念，但理论体系的日趋成熟却满足不了国家文化公园在实际建设中因"地大物博"而面临的问题。美国保护大型线性遗产，传承国家历史文化的入手点是美国历史游径，其成熟的管理模式与系统策略具有一定的启示。

基于美国民众对于户外活动、探索自然的野外徒步旅行价值的公共认知，1968年美国颁布了《国家游径系统法案》（NTSA），并在1978年法案修正案后，形成了能被人们高频次使用的4种类型的游径：国家风景游径、国家休闲游径、联通性游径和国家历史游径。国家历史游径与前三个游径类型不同，它设立的根本目的并不在于为国民提供户外游憩机会或者户外游憩服务。国家历史游径是为了实现对历史遗产的多元化保护与再利用，是根据线路所具有的历史意义和沿途遗迹文物建立的，又根据其不同的交通功能分成移民迁徙路线、贸易交流路线、战争革命路线和探险考察路线。游径沿线具有较高保护价值的历史遗产遗址聚集区域（Site）也被列入美国国家历史古迹名录。在实现对沿线文物和文化资源的保护的同时，也为公众提供了普遍教育和环境解说的社会服务。历史古迹聚集区会根据多项评价指标最终被定义为Site，并会根据《国家游径系统法案》确认其发展潜力，确立对应的保护等级，再给予相应的开发等级（低限度开发、适度开发、常规开发与完全开发）进行建设，同时对相关的交通承载量、游憩项目方式等保护规划指标提出限定性要求，以最小干预原则，实现对历史资源的差异化管理。

美国国家历史游径的策略强调跨地域的文化交流，虽然并不完全适用于大型线性遗产空间的保护规划，但仍能为我国国家文化公园建设提供优秀的思路，由于我国的文物和文化资源跨越了更长的时间，包含了更多的地域特征，由此延伸出的多元文化和社会价值观也更加复杂。因此，从横向上来看，国家文化公园建设更应该充分考虑地域广泛性、文化多样性和资源差异性，综合评估经济、审美、历史、技术等多重价值，精确划分出不同的保护与开发等级，有针对性地对文物和文化资源的原真性、完整性和延续性进行保护。再充分调动地方积极性，鼓励国家文化公园沿线城市根据自身的经济条件、文化资源优势和地方文化特色，实行差别化政策措施，从而实现国家文化公园的功能不仅仅局限在生态可持续上，还在全民公益性上不断加深公众对文物和文化资源价值的多元、理性的认知。

党的十九届六中全会上提出要建设人人有责、人人尽责、人人享有的社会治理共同体①的社会治理体系，协同治理肯定了多元主体寻找、创造利益共同点的价值。我国国家文化公园的建设应结合我国的实际国情，从全民公益性、文物和文化资源完整性、国家象征性三大维度出发，应避免单一视角的、缺乏多方协作（包括专业人才、市场及社会群众等）的指挥或规划，防止在建设中出现权责模糊、概念不清、互相推诿、认识不够、挖掘不足的问题。所以，我国的国家文化公园应坚持有统有分、有主有次，分级管理、地方为主的原则，最大限度调动各方积极性，实现共建共赢。我国的国家文化公园并不都是由国家来建设，也并不是一个个独立的空间个体。省市县等地方单位在领悟中央的文件精神后，对内应做到强化政府主导作用，整合协调相关资源，高效率衔接多方力量，突出国家意志，对外应做到统分结合、协同互助，界定出清晰的权责边界，强化跨部门、跨地域的联动能力，实现对国家文化公园资源的有效整合与和谐开发。

---

① 《中共中央关于党的百年奋斗重大成就和历史经验的决议》，《人民日报》2021年11月17日。

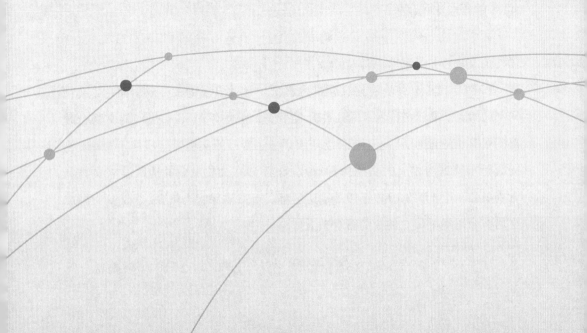

第二章

CHAPTER 2

中国文物保护单位
管理体制机制现状

第一节 文物保护管理制度的历史演变

中国是世界著名的文明古国之一,拥有数以万计的见证中华文明源远流长的历史文物。保护这些优秀的物质文化遗产,对于传承中华民族历史和灿烂中华文化,见证人类发展历史轨迹,增进民族团结和维护国家统一,增强民族自信心和凝聚力,促进社会主义精神文明建设,都具有重要而深远的意义。因此,国家在不同的历史时期对文物保护管理机构有着不同程度的关注,并采取了一系列具体行动措施。在新中国成立后,从中央到地方设立了各级文物保护管理机构——在文化部设立文物事业管理局,主管全国文物工作,在各省、市、县也都设立文化行政管理部门,负责本地区的文物保护管理工作。同时从国家到地方各级政府制定、颁布了一系列相关法律、法规,我国文物保护制度框架逐步搭建起来。

一、发展历史脉络

(一)我国文物管理行政体系初步建立阶段——设立文物管理机构,重视文物保护

新中国成立初期,国家迅速建立起自中央到地方的文物管理行政机构,全国性的文物保护行政体系逐步建立。

1949年11月中央政府在文化部内设立文物事业管理局(以下简称"文物局"),此后,虽然名称和主管工作几经变更,但国家一直设有专门的文物行政部门管理文物事业,[1]地方政府也陆续设立了专门的文物管理机构。各级文物局履行本辖区内相应的文物保护行政职能,并在文物集中的地区设立文物保管委员会。南京市在1949年10月即成立南京市文物保管委员会,这是新中国成立后在全国最早建立的文物管理机构。

---

[1] 王其亨:《历史的启示——中国文物古迹保护的历史与理论》,《中国文物科学研究》2008年第1期。

文物局设立后，国家迅速拟定了新中国最初的一批文物保护法令。1950年5月24日政务院发出《禁止珍贵文物图书出口暂行办法》和《古迹、珍贵文物图书及稀有生物保护办法》。《禁止珍贵文物图书出口暂行办法》是新中国第一个文物保护法令，对文物出口实行严格的许可证制度，结束了近代中国大量文物被掠夺，盗运出口，流失海外的历史，维护了国家的文化主权。《古迹、珍贵文物图书及稀有生物保护办法》规定：各地原有或偶然发现的一切具有革命、历史、艺术价值之建筑、文物、图书等，应由各地方人民政府文教部门及公安机关妥为保护，严禁破坏、损毁及散佚。

新中国土地改革期间，1950年6月30日颁布的《中华人民共和国土地改革法》也强调了文物的保护，规定：名胜古迹、历史文物，应妥为保护。祠堂、庙宇、寺院、教堂及其他公共建筑和地主的房屋，均不得破坏。1950年7月6日，政务院又发出《关于保护古文物建筑的指示》，要求凡全国各地具有历史价值及有关革命史实的文物建筑，如：革命遗迹及古城廓、宫阙、关塞、堡垒、陵墓、楼台、书院、庙宇、园林、废墟、住宅、碑塔、石刻等以及上述各建筑物内之原有附属物，均应加意保护、严禁毁坏。1951年5月，文化部及内务部陆续发布《关于管理名胜古迹职权分工的规定》《关于地方文物名胜古迹的保护管理办法》《地方文物管理委员会暂行组织通则》，文物保护行政体系在这一阶段逐步建立。

在这一阶段发布的法规性的文件，以保护为主线，建立文物管理行政体系与保护文物并行，对制止各种文物破坏起到重要作用，维护了我国大量宝贵文物的真实完整。

（二）我国文物保护法规体系基本建立阶段——建立文物保护单位，注重保护和发扬

1953年，毛泽东提出过渡时期总路线，提出在一个相当长的历史时期内基本上实现国家工业化的目标，并对农业、手工业、资本主义工商业实行社会主义改造，中国实施第一个国民经济五年计划，展开了大规模的基本建设。在此背景下，1956年9月，刘少奇在党的八大报告中提出：在我们对封建主义和资本主

义的思想体系进行批判的时候，我们对于旧时代有益于人民的文化遗产，必须谨慎地加以继承。除此之外，周恩来等领导人也注重文物保护和继承发扬。

1953年10月12日政务院发出《关于在基本建设工程中保护历史及革命文物的指示》，明确指出在基本建设工程中保护文物是文化部门和基本建设部门的共同任务，同时要求各地在基本建设工程中，对"具有重大历史意义的地面古迹及革命建筑物，应予保护。文化部应调查确属必须保护的地面古迹及革命建筑物陆续列表通知各级人民政府及有关单位注意保护。一般地面古迹及革命建筑物，非确属必要，不得任意拆除"，如有十分必要加以拆除或迁移者，应经由文化主管部门批准，并报中央文化部备查。

1956年4月2日，国务院办公厅下发《关于在农业生产建设中保护文物的通知》（以下简称《通知》），要求进行全国范围内的文物普查，建立文物保护单位制度，提出"一切已知的革命遗迹、古代文化遗址、古墓葬、古建筑、碑碣，如果同生产建设没有妨碍，就应该坚决保存"，要求"首先就已知的重要古文化遗址、古墓葬地区和重要革命遗迹、纪念建筑物、古建筑、碑碣等，在本通知到达后两个月内提出保护单位名单，报省（市）人民委员会批准先行公布，并且通知县、乡，做出标志，加以保护。然后将名单上报文化部汇总审核，并且在普查过程中逐步补充，分批分期地由文化部报告国务院批准，置于国家保护之列"。

根据《通知》要求，1956年起各省、自治区、直辖市开展文物普查，建立文物保护单位制度的工作在全国范围内展开。这是我国首次提出"保护单位"的概念，并首次在全国范围内进行文物普查。《通知》还强调了文物保护中的群众路线，提出"必须发挥广大群众所固有的爱护乡土革命遗址和历史文物的积极性，加强领导和宣传，使保护文物成为广泛的群众性工作"。

此后，各地出现了许多文物保护小组、文物通讯员，积极参与文物普查及文物保护工作。截至1957年初，已有18个省一级人民委员会批准并公布了文物保护单位共3500多处。可以看出，在这一时期我国文物保护从制止文物破坏转为主动保护、继承和发扬。

（三）我国文物保护管理体制框架构建阶段——出台了新中国第一个文物保护法规，确立了全国文物普查制度

1960年至1965年，我国出台新中国第一个文物保护法规，通过第一批全国重点文物保护单位名单，初步完成了我国文物保护管理体制框架的构建。

从新中国成立之初至1958年，所有在文物领域已颁布的文件都只针对单个问题，包括文物走私、打击盗墓、考古发掘等，缺少一部系统全面的综合性法规。经过各地的反馈以及多次研讨，1960年11月17日国务院第105次全体会议通过了《文物保护管理暂行条例》，并于1961年3月4日颁发。该条例公布了180处第一批全国重点文物保护单位（以下简称"国保"），并要求文化部继续在各省、市、自治区文物保护单位中选择具有重大历史、艺术、科学价值的文物保护单位，分批上报国务院核定公布；还要求各级政府在短期内组织有关部门对本地区的全国重点文物保护单位划定保护范围，做出标志说明，逐步建立科学记录档案，设置专门机构或安排专人管理。条例还明确了县（市）级—省级—国家级的分级管理体制，更是第一次对各级文物保护单位的核定、维护、使用、计移和拆除等做出了明确规定，正式确立了全国文物普查制度，是新中国第一部综合性文物法规，是现代中国文物保护史上的重要里程碑。其基本原则被1982年《中华人民共和国文物保护法》继承并延续至今。从此，我国步入了依法管理文物工作的正轨。

此外，国务院同时发出《关于进一步加强文物保护和管理工作的指示》，明令各级人民委员会必须认真贯彻执行《文物保护管理暂行条例》，凡是具有历史、艺术、科学价值的文物，都应当妥善保护，不使遭受破坏和损失。要求各级人民委员会和文化行政部门还必须采取适当方式向广大人民群众宣传保护文物的政策、法令，教育群众爱护祖国文物，使文物保护成为广泛的群众性的工作。

各地公布省级文物保护单位的工作，陆续持续到"文革"前夕。截至1965年，全国共公布省级文物保护单位达5572处。[①]与中国拥有的丰富历史文化遗

---

① 姚远：《新中国文物保护的历史考察（1949—1965）》，《江苏社会科学》2014年第5期。

存相比,重点文物保护单位的数量并不算多,一些亟待保护和应该重点保护的单位并未列入保护名单之中,但这一行动仍可视为国家保护文化遗产的重要举措,为文物古迹的保护管理打下了重要基础。

总体而言,全国重点文物保护单位和省级文物保护单位制度的建立,对在此后不久发生的"文革"中文物保护发挥了至关重要的作用。"文革"期间,180处全国重点文物保护单位除西藏甘丹寺外基本得到妥善保护,"文革"前公布的省级文物保护单位虽然有些在"文革"中受到过不同程度的破坏,但总体上大多数得以保存,文物保护单位制度发挥了十分重要的作用。

(四)我国分级管理体制逐步完善阶段——确定"国保"工作有序开展,分级管理体制进一步明确

1978年至2009年,改革开放蓬勃发展时期,文物保护单位的分级管理体制逐步更新完善,中国各项事业逐步走向正轨。文物保护工作提到议事日程,"国保"的筛查工作重新开始。在进一步调查的基础上,1982年2月23日,国务院同意国家文物事业管理局提出的第二批"国保"62处,并指令各地方政府根据《文物保护管理暂行条例》的规定,组织有关部门对本地区内的"国保"划出保护范围,做出标志说明,并逐步建立科学记录档案。同时,督促有关县、市人民政府,做好所辖境内的"国保"的保护管理工作。

这与第一批"国保"的提出已相隔21年。此后,"国保"认定和公布的速度明显加快,总量迅速扩充,国家先后公布6批全国重点文物保护单位:1988年第三批258处、1996年第四批250处、2001年第五批521处、2006年第六批1081处、2013年第七批1943处;待到2019年公布最新的第八批"国保"762处,"国保"总量从最初的180处增长到5058处。

同时值得关注的是,第一批全国重点文物保护单位确定的文物类型分为"革命遗址及革命纪念建筑物""石窟寺""古建筑及历史纪念建筑物""石刻及其他""古遗址""古墓葬"六大类,这基本与新中国成立初期于1950—1953年公布的以保护"文物建筑""古文化遗址""古墓葬"及"历史及革命文物"的相关法令一致。而第二批、第三批"国保"完整延续了第一批的分类

框架。

但在1996年，第四批"国保"的分类标准则做出了适度调整，将"革命遗址及革命纪念建筑物"纳入"近现代重要史迹"之中，同时增加"近现代代表性建筑"，合并称为"近现代重要史迹及代表性建筑"；"石窟寺及石刻"合并为一类，"其他"单独分为一类，形成了延续至今的分类体系。如今，"国保"按照"古建筑""古遗址""古墓葬""近现代重要史迹及代表性建筑""石窟寺及石刻"及"其他"这几个类型作为分类标准。尽管早期构成类型与如今存在一定差异，但这一开创性的分类框架体系在六十年以来的"国保"评选中得到了整体性的延续。

1982年11月19日，第五届全国人民代表大会常务委员会通过并颁布了《中华人民共和国文物保护法》，这是新中国成立后第一次将文物保护工作的方针政策和重要的管理原则用法律的形式确定下来。依该法第七条规定：革命遗址、纪念建筑物、古文化遗址、古墓葬、古建筑、石窟寺、石刻等文物，应当根据它们的历史、艺术、科学价值，分别确定为不同级别的文物保护单位。

1985年6月，国务院办公厅颁布《风景名胜区管理暂行条例》，这是我国第一份关于国家风景名胜资源管理的法规性文件，此条例针对风景名胜区的管理做出了规定，各地政府开始有了保护风景区的意识。此后，国家陆续发布有关风景区开发与保护的文件，如：1989年12月公布的《中华人民共和国城市规划法》，规定编制城市规划应当保护历史文化遗产、城市传统风貌、地方特色和自然景观；1999年11月建设部发布《风景名胜区规划规范》，为旅游风景区的保护培育、开发利用和经营管理提供了依据。

2002年，为强化文物保护工作，更好地实现文物保护目的，第九届全国人民代表大会常务委员会第三十次会议通过修订后的《中华人民共和国文物保护法》，提出"保护为主、抢救第一、合理利用、加强管理"的文物工作方针，并最终以法律形式确立下来。同时对文物保护单位重新进行界定，规定："古文化遗址、古墓葬、古建筑、石窟寺、石刻、壁画、近代现代重要史迹和代表性建筑等不可移动文物，根据它们的历史、艺术、科学价值，可以分别确定为全国重点文物保护单位,省级文物保护单位,市、县级文物保护单位。"进一步明确了文物保护单位的分级管理体制。

2005年9月,建设部颁布《历史文化名城保护规划规范》（GB 50357—2005）,为我国历史文化遗产的保护确立了切实可行的标准。2005年12月,国务院《关于加强文化遗产保护的通知》提出设置中国文化遗产日,部署了对我国文化遗产的综合性保护。这标志着我国文化遗产管理对象已经实现了由文物向文化遗产的转变。

2006年12月,我国第一部针对单个文物颁布的法律性条例《长城保护条例》由国务院办公厅颁发,此前由财政部和国家文物局下发的《"十一五"期间大遗址保护总体规划》,明确提出建设遗址公园,并决定设立大遗址保护国家项目库。

2007年,全国人大常委会对《中华人民共和国文物保护法》进行了修订,仍然维持了文物保护单位的分级管理制度。

2009年12月,国家文物局下发的《国家考古遗址公园管理办法（试行）》与《国家考古遗址公园评定细则（试行）》正式拉开了国家考古遗址公园建设实践的序幕。

这些规定进一步明确了我国文物保护工作的保护对象,对我国文物保护事业具有重要的指导作用。当然,在这个时期,我国还颁布了许多全国和地方性的法律条规,来解决和规范不断出现的问题,但是最重要和具有统筹全局性的依然是《中华人民共和国文物保护法》。[1]

（五）我国文物保护管理制度发展创新阶段——注重真实性完整性保护,探索具有中国特色的国家公园和国家文化公园建设布局

党的十八大以来,文物工作已被纳入中央全面深化改革的整体战略部署,我国文物保护制度建设迈上新台阶。2015年我国对《中国文物古迹保护准则》进行了修订,对之前文物保护的模糊概念进行明确,说明了在进行中国古迹保

---

① 王冰河:《国保单位的保护与利用》,吉林大学,2010年。

护工作中要遵守的一些基本原则，想要进行文物保护就要认识到文物所代表的价值，在不改变文物的基础上立足于真实性和完整性对文物进行保护。[①]因此，我国文物保护管理制度进入注重完整保护时期，开始积极探索国家文化公园建设，打造中国文化重要标识。

"十三五"时期，是全面建成小康社会的决胜阶段，也是文物事业改革发展的关键时期。2016年3月，中共中央办公厅、国务院办公厅发布《中华人民共和国国民经济和社会发展第十三个五年规划纲要》，提出"设立统一规范的国家生态文明试验区。建立国家公园体制，整合设立一批国家公园"，标志着国家公园拉开全新的建设篇章。

2016年12月，科技部、文化部和国家文物局发布《国家"十三五"文化遗产保护与公共文化服务科技创新规划》，明确提出文化遗产保护与公共文化服务科技创新的方向与任务。2017年1月中共中央办公厅、国务院办公厅发布《关于实施中华优秀传统文化传承发展工程的意见》，提出要规划建设一批国家文化公园，成为中华文化重要标识。2017年2月发布的《国家文物事业发展"十三五"规划》也提出，要使"文物工作在传承中华优秀传统文化、弘扬社会主义核心价值观、推动中华文化走出去、提高国民素质和社会文明程度中的重要作用进一步发挥"。至此，我国文物事业呈现出前所未有的良好创新态势。

2017年3月，中共中央办公厅、国务院办公厅发布《国家"十三五"时期文化发展改革规划纲要》，提出要依托长城、大运河、黄帝陵、孔府、卢沟桥等重大历史文化遗产，规划建设一批国家文化公园。同年9月，中共中央办公厅、国务院办公厅发布的《建立国家公园体制总体方案》明确了建立国家公园体制的目标和要求，标志着我国国家文化公园体制的顶层设计初步完成。

2018年12月，文化和旅游部颁发《国家级文化生态保护区管理办法》（文化和旅游部令第1号），旨在深入实施中华优秀传统文化传承发展工程，加强非物质文化遗产（以下称"非遗"）区域性整体保护，维护和培育文化生态。

---

① 张政君：《中国文物保护原则的发展与演变》，《文物鉴定与鉴赏》2019年第22期。

2019年4月，中共中央办公厅、国务院办公厅发布《关于统筹推进自然资源资产产权制度改革的指导意见》，提出健全自然保护地内自然资源资产特许经营权等制度，这也是新时代在国家公园为主体的自然保护地体系推行特许经营制度的进一步探索。

2019年7月24日，习近平总书记主持召开的中央全面深化改革委员会第九次会议审议通过了《长城、大运河、长征国家文化公园建设方案》。接着，中共中央办公厅、国务院办公厅印发该方案，对巨型线性文化遗产保护利用做出了顶层的安排部署，标志着国家文化公园进入了分阶段、分重点建设的新时期。

2021年11月国家文物局印发《大遗址保护利用"十四五"专项规划》，提出要将36家国家考古遗址公园对外开放，多点启动省级考古遗址公园建设，高质量推进长城、大运河国家文化公园建设。

以上一系列法律法规政策文件都注重对文物的综合、整体性保护，逐渐探索出一套符合中国国情、具有中国特色的大遗址保护管理模式和国家文化公园管理机制，是新时期我国文物保护管理制度的创新性发展。

二、总体发展方向

（一）体制与法治并驾齐驱

新中国成立至今的文物保护事业，通过机构建设和法治建设，取得了前所未有的发展。在机构建设上，国家初步建立了从中央到县一级的完整的文物行政体系。在中央由文化部文物局，在地方由省、市、县文化局履行相应级别的文物保护行政职能，并在文物集中的地区设立文物保管委员会。在法治建设上，国家颁布一系列保护文物的重要法律法规和政令，在新中国成立至今的各个阶段都适时提出针对性的意见，促进文物保护与国家建设的相互协调。正是这些文物保护政策方针，让文物保护管理工作、文物保护工作排除了来自各方面的干扰，在文物保护事业上取得成就，对继承中华优秀传统文化，塑造中华民族文化认同，发挥了极其重要的作用。

（二）从保护第一到保护利用并重

1961年3月发布的《文物保护管理暂行条例》规定，"一切具有历史、艺术、科学价值的文物，都由国家保护"，确立了保护在我国文物保护管理工作中的核心地位，从此保护成为我国文物保护管理工作的首要任务。1982年11月出台的《中华人民共和国文物保护法》，首次以国家法律形式规定了我国文物保护管理工作，标志着我国文物保护工作步入依法管理的轨道，也奠定了保护工作在我国文物保护管理中的核心地位。在2000年10月发布的《中国文物古迹保护准则》中强调"文物古迹应当得到合理的利用"，且"利用必须坚持以社会效益为准则，不应当为了当前利用的需要而损害文物古迹的价值"，这表明我国文物保护管理中统筹协调保护与利用的思想得到确立。2017年2月发布的《国家文物事业发展"十三五"规划》提出要"多措并举让文物活起来"，强调"坚持创造性转化和创新性发展，大力拓展文物合理适度利用的有效途径"，"努力走出一条符合国情的文物保护利用之路"。文物的保护和利用并重思想得到很好的体现。

（三）从各级政府主导到动员全社会力量

自新中国成立之初我国就确立了政府在文化遗产管理中的主导地位。虽然1956年4月国务院《关于在农业生产建设中保护文物的通知》就提出要"使保护文物成为广泛的群众性工作"，但直到20世纪80年代初，我国才真正开始关注文化遗产管理中的社会力量参与问题。1989年7月中宣部等联合印发《人人爱护祖国文物宣传提纲》，提出"保护文物，人人有责"，强调"唤起民众，自觉地投身于文物保护事业，对整个文物事业的发展有着决定性的意义"。这体现出我国文物保护管理中社会力量得到重视，公众参与已经被认可和接纳。近年来，我国更是将增强公众参与意识，拓宽公众参与渠道作为着力点，持续探索社会力量参与文物保护管理的可实现路径。

（四）从关注单体价值到注重保护群落和整体风貌

全国重点文物保护单位的具体构成类别涉及了前人在各个历史时期、衣食住行各方面的文化遗产。从考古学的聚落址、城址、矿冶遗址、陶瓷遗址到皇家陵寝、单体墓葬，从古建筑的寺庙、宅第、牌坊、亭台楼阁、桥阙塔观，再到石窟、经幢、摩崖，还有与生产生活息息相关的梯田、茶园等也均在列。

值得注意的是，早期"国保"名单中，对文物类型的认定标准更加注重单体或者独立构成单元的保护价值，如寺庙、城、塔、阙等。而如今在注重单体价值的同时，也更加关注生态群落以及文化景观的整体保护。如第一批"国保"单位公布了"武当山金殿"，在四十余年后的第六批中又公布了"武当山古建筑群"，在第六批、第七批"国保"名录中出现了大量的整体古村落，盐田、茶园、枣园、梯田等被纳入"国保"体系，以及提出逐步落实国家（文化）公园建设，更是对整体性保护的生动诠释。

一方面，这种变化的产生是基于前期具有极高价值的单体或独立单元文物已经得到了有效保护；另一方面，则显示出这是伴随着社会发展，文化遗产保护理念的不断更新而产生的必然结果。

第二节 国家文物保护管理制度的局限与改革

根据《中华人民共和国文物保护法》，我国文物保护管理工作贯彻"保护为主、抢救第一、合理利用、加强管理"的方针，认定以下5类文物需要受到法律保护，分别是：

（1）具有历史、艺术、科学价值的古文化遗址、古墓葬、古建筑、石窟寺和石刻、壁画；

（2）与重大历史事件、革命运动或者著名人物有关的以及具有重要纪念意义、教育意义或者史料价值的近代现代重要史迹、实物、代表性建筑；

（3）历史上各时代珍贵的艺术品、工艺美术品；

（4）历史上各时代重要的文献资料以及具有历史、艺术、科学价值的手稿和图书资料等；

（5）反映历史上各时代、各民族社会制度、社会生产、社会生活的代表性实物。

根据《中华人民共和国文物保护法》第三条，我国文物主要包括历史上各时代重要实物、艺术品、文献、手稿、图书资料、代表性实物等可移动文物，以及古文化遗址、古墓葬、古建筑、石窟寺、石刻、壁画、近代现代重要史迹和代表性建筑等不可移动文物。为有效落实保护管理工作，针对可移动文物，我国制定标准将其分为珍贵文物和一般文物，珍贵文物又分为一级文物、二级文物、三级文物；针对不可移动文物，根据它们的历史、艺术、科学价值，分别确定为"国保"，省级文物保护单位，市、县级文物保护单位。因此，本书将从可移动文物保护管理制度与不可移动文物保护管理制度层面讨论并分析国家文物保护管理制度的局限性，并提出相应的改革方向。

一、管理保护制度的局限

（一）文物管理制度本身存在缺口

1. 文物认定标准规范性不足

首先，我国可移动文物认定标准不明晰。2009年，我国出台《文物认定管理暂行办法》，规定了乡土建筑、工业遗产、农业遗产、商业老字号、文化线路、文化景观等特殊类型文物的认定程序，但其中内容并不涉及详细的认定标准与认证依据。根据国家文物局关于贯彻实施《文物认定管理暂行办法》的指导意见中有关认定标准的说明，文物认定的对象可以包括中华人民共和国成立以前制作或形成的各类可移动和不可移动的文化资源，以及中华人民共和国成立以后制作或形成的具有重要或代表性的可移动和不可移动的文化资源。这强调了以文物的历史重要性和历史代表性为标准进行认定，但认定标准的规范性还有待考量。截至目前，我国仍未出台文物认证标准性文件，以用于规范认定可移动文物。现实经验表明，我们往往会将文物进出境的审核标准作为认定标准。文物的进出境的审核标准的设立旨在防止珍贵的可移动文物流失，且在一定程度上保证部分私有文物的贸易自由，这并非文物管理和保护的基础规定，而文物的认定标准旨在规范文物的管理和保护程序，是开展文物保护和管理工作更加坚实有力的基础支撑，二者的实施目标和所处层次不同。因此，文物进出境审核的标准中文物认定的标准可用于临时认定，但不适宜长期用作可移动文物的国家认定标准。

其次，我国不可移动文物认定标准可操作性不强，缺乏紧急认定程序。虽然《文物认定管理暂行办法》对部分不可移动文物认定程序做出规范，但本质是对文物认定程序的规范，是站在文物认定责任主体层面，总体偏向应对文物认定过程产生的责任主体问题，并未界定细节的文物认定标准。我国文物认证标准比较模糊，当地方面临文物认定问题时，除按照宽泛的主观判断标准判断之外，部分地方行政法规附有客观年代标准，极少数地方政府公布了申报审批标准。因此，我国仍然缺乏针对不可移动文物的规范性、权威性的认定标准。例如在常州前后北岸的案例中，文物认定机关对历史建筑的文化价值评定反复无常，如果相对人（文物遗址利益相关人或其他公民、组织等）了解文物保护单位资格的评定标准，就可以对行政认定行为提出异议。如果我国建立起规范的不可移动文物评定标准，那么在申报审批之前相对人就能够根据评定标准预先判断文物情况，这也有利于我国文物申报审批工作的开展。同时，不可移动文物最重要的特征就是"不可移动"，而不可移动文物的认定与登录主要在普查阶段进行，具有时间局限性。在城市建设与发展日新月异，建设工程施工不可避免。当前我国文物保护相关法律法规规定，如果文物被纳入建设工程区域，只有已经被认定为文物保护单位的不可移动文物才会受到保护，但倘若在建设施工区域存在高价值的不可移动文物未及时得到认定，根据我国行政法，"起诉不停止执行"，如果行政相对人在建筑项目已经获得行政许可后提出文物保护单位申请或者提起行政诉讼，施工进程会受到保护，极有可能造成文物损害。

2. 文物保护与管理工作责任制度不清晰

首先，可移动文物保护工作个人交接责任制度尚存空白。我国可移动文物可分为馆藏文物和民间收藏文物两类。针对馆藏文物，文物交接工作分为两个方面，一是文保工作人员离任时文物的转交，二是收藏单位法人卸任时文物的移交,二者对文物的保护工作都有责任。然而,当前我国文物的交接管理相关制度仅仅涉及后者。实际上,在馆藏文物的日常管理和保护工作中,与文物对应的文保工作人员最了解文物的状态,与文物的接触最直接,甚至掌握与文物相关的一手资料,当文保工作人员离任时,需在保证保管的文物的完整性的前提下,递交保管藏品档案。在现实情况中,部分文物馆藏单位例如博物馆,根据自己的管理实际制定了相关的工作交接规定,但目前未在国家层面上形成相应成熟的管理制度、法律责任制度,以规范馆藏文物的保护工作交接流程。针对民间收藏文物,文物所有者有权针对私有文物开展贸易、交换、展示等活动,但由于文物的不可再生性、重要性和特殊性,在利用过程中针对滥用私人权利造成可移动文物的损毁等现象,需建立明确的法律责任制度与之对应,以加强对民间收藏文物的保护工作。

其次,不可移动文物认定和保护管理部门主体独立性不强。当前,我国不可移动文物的认定主体以各级文物部门为主,但根据不同的文物类型与体量,认定主体也可以是相应级别的文物行政部门及城乡建设规划部门。在实际认定程序和保护工作中,财力资源与人力资源都依赖于地方政府,涉及地方政府财政与人员配置。当与文物相关的建设工程问题出现时,文物行政主管部门与城乡建设规划部门共同负责解决问题。由于文物行政部门和建设规划部门都隶属地方政府管理,因此在两者所代表的公共利益发生冲突时,由地方政府根据地方需要统筹管理。在城市飞速发展的背景下,地方追求经济效益的最大化,往往会牺牲文物保护带来的社会效益。因此,在不可移动文物的建筑工程审批过程中,文物行政主管部门的影响力与权威性不如建设规划部门。

3. 民间收藏文物的保护和管理力度不够

欠缺针对民间收藏文物的保护和管理制度。除国有馆藏文物外,我国文物也包括民间收藏文物。然而,《中华人民共和国文物保护法》中有关民间收藏文物的制度更集中于发挥法律对民间收藏文物的经营、拍卖活动的管理和规范的功能,缺乏对民间收藏文物个体的保护和管理规定。文物本身是具备不可再生性、历史代表性的,保护文物工作和市场流通活动之间并不冲突。2012

年至2016年,我国开展第一次全国可移动文物普查工作,共向超过102万个国有单位发放了《国有单位文物收藏情况调查登记表》,包括机关、事业单位、国有企业及国有控股企业、其他单位。我国第一次全国可移动文物普查工作并未涉及民间私有收藏文物。民间收藏文物中不乏高价值文物,开展民间收藏文物的普查和监管工作十分必要。通过民间收藏文物的普查工作既可以全面掌握我国现有可移动文物现状,也能增强民间收藏家们对于文物的认识,提升他们的文物保护意识。同时,还能进一步规范私有文物交易市场,减少甚至防止诈骗等不良情况的发生。我国当前文物保护和管理制度的制定还应关注民间收藏文物,制定针对民间收藏文物的保护管理政策与制度,为民间收藏家们的文物保护管理工作提供专业的指导。

(二)文物流通制度不健全

1.遏制可移动文物流失制度缺失

为防止文物流失,我国法律规定,国有文物、非国有文物中的珍贵文物和国家规定禁止出境的其他文物,不得出境。国家所有文物被禁止出境后依旧归国家所有,由国家处置。但私人所有文物出境被拒后,民间收藏者对文物仍持物权。然而,文物被禁止出境交易后再次通过黑市等非法渠道二次出境的案例屡见不鲜。回顾国外关于文物出境交易的管理规定,法国的《有关艺术品出口的法律》第二条:国家为了自身利益,或部门利益、集体利益和公共机构的利益,有权以出口人提出的价格购买申请出口的物品。这在一定程度上遏制了法国文物走私活动。除此之外,近几年来,英国也在文物流通方面取得了显著成果。英国根据上交文物的完整程度实行报酬等级制度,即要求文物发现者向当地政府报告其发现,并规定:如果博物馆希望收购这些文物,发现者可按这些文物的市场价得到相应报酬;如果没有博物馆愿意收藏,那么发现者可以自由拥有和处理这些文物。如果文物遭到本可避免的损坏,文物发现者所获报酬将相应减少;如果发现者对文物加以精心保护,那么报酬便会相应增加。这一措施推行后,几年间大英博物馆得以收购了一批"具有世界级重要价值"的文物。英国《文物交易法》规定:凡"进口、交易或拥有任何明知或据信是被盗、被非法挖掘，或违反文物来源地法律，从任何遗迹或废墟非法转移的文物"，都属违法犯罪行为，罪名成立者可被判最高7年监禁。这在一定程度上改善了国家文物的流失问题。因此，我国应从国家利益出发，制定相关文物流通制度，鼓励民间收藏文物向馆藏文物转换，遏制文物流失。

2. 交易监管体制覆盖不全面

根据《中华人民共和国文物保护法》针对民间收藏文物的管理条款，有关民间文物经营机构仅包括获取经营资质的文物商店和拍卖企业，有关民营文物商店与拍卖企业的规定侧重于防止文物流失。然而，除经正式批准设立的文物商店与拍卖企业，我国国内文物交易市场还存在许多的灰色地带，例如黑市。国有馆藏文物经过全国可移动文物普查以后通过文物登录制度被赋予了"身份证"，自此国家能够基本掌握国有文物的存在情况及状态。由于民间收藏文物与国有馆藏文物不同，普查工作开展难度大，针对民间收藏文物尚未开展普查等信息搜集工作，保护进程较国有馆藏文物落后。在民间文物交易流通体系中，不少民间文物持有者更倾向于私下交易，使得国内文物黑市仍是文物交易主要场所。黑市存在于我国文物保护法无法直接接触到的灰色地带，主管部门很难监管到位，但不少民间收藏文物的价值不逊于国有馆藏文物，因此，我国应该将法律制度的管辖范围扩大到民间收藏文物保护方面，而不是局限在对依法经营的文物商店和拍卖企业的监管方面。

（三）文物保护法律责任体系不到位

刑事处罚"重尾轻头"。我国文物在国际拍卖场上屡屡拍出天价，这让不少企图用几年的监狱生活换取一辈子的高枕无忧的不法分子眼红，这说明我国文物相关保护法律责任体系惩治力度分布不均，部分罪名定责与文物价值相比力度较弱。纵观我国制定的罪名与刑罚（见表2-1），我国对于违反文物保护法制定的罪名共7种，其中，情节最为严重的属走私文物罪，最高刑罚为无期徒刑，其他针对可移动文物犯罪的刑罚较轻，但对文物的损害并不低于走私文物，这样在治理可移动文物犯罪的流程中，形成了"重尾轻头"的局面，在多数犯罪场景中，文物价值带给犯罪分子的利益远超法律惩戒带来的不利影响，容易促使犯罪分子知法犯法,形成犯罪动机。

表2-1　刑法中涉及的可移动文物保护犯罪的法条

罪名	犯罪主体	法定刑罚
故意损毁文物罪	一般主体	处三年以下有期徒刑或者拘役,并处或者单处罚金;情节严重的,处三年以上十年以下有期徒刑,并处罚金
过失损毁文物罪	一般主体	造成严重后果的,处三年以下有期徒刑或者拘役
非法向外国人出售、赠送珍贵文物罪	一般主体	处五年以下有期徒刑或者拘役,可以并处罚金;单位犯前款罪的,对单位判处罚金,并对其直接负责的主管人员和其他直接责任人员,依照前款的规定处罚
倒卖文物罪	一般主体	处五年以下有期徒刑或者拘役,并处罚金;情节特别严重的,处五年以上十年以下有期徒刑,并处罚金。单位犯前款罪的,对单位判处罚金,并对其直接负责的主管人员和其他直接责任人员,依照前款的规定处罚
非法出售、私赠文物藏品罪	特殊主体:国有图书馆、博物馆等	对单位判处罚金,并对其直接负责的主管人员和其他直接责任人员,处三年以下有期徒刑或者拘役
走私文物罪	一般主体	处五年以上十年以下有期徒刑,并处罚金;情节特别严重的,处十年以上有期徒刑或者无期徒刑,并处没收财产;情节较轻的,处五年以下有期徒刑,并处罚金
失职造成珍贵文物损毁流失罪	特殊主体:国家机关工作人员	三年以下有期徒刑或者拘役

表格来源:何晴《我国可移动文物保护的法律制度研究》,上海师范大学硕士论文,2015年。

(四)公众参与的激励机制缺失

1.可移动文物鼓励机制现状

民间发现可移动文物应当上报,但国家相应奖励制度不完善、力度不足。文物认定标准是文物管理和保护的基础性依据。但目前我国缺乏详细规范性标准文件,也未在国家管理层面制定具备详细标准的文物保护和申报奖励机制,对于公众参与的文物保护行为无法按照清晰的奖励标准实施奖励。考察我国文物市场情况,不难发现,现有奖励机制不足以鼓励公众主动培养文物保护意识。交易过程中,买家卖家仍然更愿意通过黑市交易获得报酬,而不选择主动向国家相关文物保护机构出售。我国现存文物相关奖励机制,其奖励标准、流程还有待完善,需更加清晰明了。

2. 不可移动文物鼓励机制现状

不可移动文物的修缮、维护工作也需要公众参与,但当前我国缺乏公共力量参与保护文物工作的实现渠道。我国在文物改造、修缮方面的限制较为严格,《中华人民共和国文物保护法》的规定使文物利益相关人的利益受到限制、承受经济负担的形式有三种:[1]

(1)根据《中华人民共和国文物保护法》第五条,当国家通过法律规定取得古建筑、古墓葬的所有权时,如果原遗迹有利益相关人的,利益相关人财产和文化上的权利可能会受到限制或剥夺,如已经发生过墓葬区在发展进程中被开发为私人地产后,墓葬原利益相关人无法开展祭祀等活动的问题,他们的祭祀权利受到了限制;

(2)《中华人民共和国文物保护法》保持文物原状和原文化用途的规定严重限制了文物所有人或使用人对文物的经济利用,从而形成实质上的征收;

(3)不可移动文物所有人或保管人承担保养、修缮文物的义务。

上述规定可以看出《中华人民共和国文物保护法》强调对私人所有不可移动文物的保护的重视,但未提及奖励或补偿机制。对文物保护的义务要求与奖、偿机制的不匹配,一方面导致所有人会因为利用阻力过大而对文物疏于管理,产生消极保护情绪,另一方面也会限制文物产生新生命活力,使不可移动文物的利用方式单一化,对文物采取无效管理和无效利用措施,加剧资源浪费。

---

[1] 赵一苇:《我国不可移动文物认定与保护制度之完善》,南京大学,2011年。

二、管理保护机制的改革方向

（一）建立规范、全面的文物认定标准，加大对私有文物的管理力度

1.分类构建规范性文物认定与评价标准

规范、科学的文物认定与评价标准是文物保护和管理工作中最为基础的依据。在我国，无论是可移动文物还是不可移动文物，其认定与评价标准都不清晰，不仅会使文物的认定和评级工作带有严重的主观判断依赖性，还会影响到认定评级后的保护和管理后续事宜。根基稳，然后才得发展。由于可移动文物与不可移动文物在管理和保护、市场流通、法律责任体系等方面都存在差别，因此，需要分类建立文物认定与评价标准。除此之外，文物保护工作至今虽已具有几十年的经验与历史，但不能盲目确立标准，应结合历史经验与国家现行申报审批规范确立认定与评级标准，对部分地方文物保护法中涉及文物认定与评级体系构建的内容也应在评价后予以采纳或进行问题说明，在建立统一的标准的同时，充分考虑现实情况。

2.规范私有文物管理和保护标准，纳入文物登录体系

首先，开展我国民间收藏文物普查工作，为民间收藏文物提供官方鉴定服务，系统掌握我国目前私有可移动文物情况，收集包括但不限于文物等级、文物价值、文物数量等信息，建立私有可移动文物信息库，将经过普查后的文物纳入国家文物登录体系，和国有可移动文物同等对待，为私有可移动文物颁发"身份证"。其次，建立详细规范的私有文物管理与保护标准，并扩大文物保护和管理知识教育体系覆盖面，增强国民保护文物意识。

（二）构建高效分管体系，突出文物行政部门文物管理主体作用

1.明确并落实文物保护管理初衷

"保护为主、抢救第一、合理利用、加强管理"是我国文物保护管理工作的指导方针，突显了我国开展文物保护管理工作的初衷，即保护好、管理好文物本体及其价值。但在现实情况中，这样的初衷尚未在文保管理工作过程中完

全落实。高价值文物在经济建设进程中遭受不可恢复性毁坏的案例并不罕见，经济效益导向往往加剧对文物本身价值与重要程度的忽视。但是，我国近年来的发展正逐步由"量"向"质"转变，为了减少这种情况的发生，未来我们应该通过在文保制度建设、法律责任体系构建、文保基层工作中重点突出、强调文物保护管理工作的初衷，政策应向保护高价值文物方面倾斜。

2. 建立"专事专办"高效分管体系

保护文物是开展文物保护和管理工作的初衷，文物的不可替代性、特殊性为文物带来了社会公共效益，但不同管理部门的管理目标侧重点不同，当前我国文物保护管理体系尚待完善。在经济快速发展的今天，经济效益导向会干扰文物的保护与管理工作，所以要根据我国国情建立地方高效"金字塔"式分层管理体系，通过垂直管理模式明确不同管理部门的分管范围与界限，在地方文物管理体系中，突出文物行政部门对文物管理的主体作用，明晰文物行政部门对文物管理与保护的具体义务与权力。

（三）构建有效的奖偿机制，拓宽公众保护力量进入渠道

1. 增加"被禁止出境文物"国家有权购买条款

为遏制禁止出境的高价值文物通过违法走私活动流入他国，我国应学习借鉴他国成功经验，例如法国针对禁止出境文物的规定。在不损害公众经济利益的情况下，增加"被禁止出境文物，国家有权以市场价格购买"法律条款，有助于抑制国内民间收藏者的走私活动，进一步解决珍贵文物流失问题。

2. 结合文物认定与评价标准梳理文物保护奖偿标准

借鉴英国鼓励公众主动申报上交可移动文物的经验，我国应提升对公众参与保护的重视程度。发现并保护文物，需要广泛的公众力量，需要通过官方奖偿政策鼓励公众参与其中。应根据文物认定与评价标准建立规范的文物保护奖偿标准，综合考虑被发现文物的重要程度、损毁状况等信息，给予公众适当的奖励。另外，对于民间私有不可移动文物，也应根据文物的历史意义、保护情况及保护程序复杂程度等制定相应的奖励补偿标准，以树立文物保护良好形象，向社会展示文物保护示范力量。

3.鼓励社会公众力量进入文物保护体系

文物需要定期修缮、维护,尤其是不可移动文物,需要长时间、持续性投入人力、物力,以延长其寿命并维护其价值。我国登记在册的不可移动文物数量庞大,达766722处,每一处文物的保护工作都需持续性的资金投入。数量如此庞大且珍贵的文物,单靠政府力量进行保护,资金保障方面会显得十分吃力。因此,应该制定鼓励社会公众力量协同保护参与机制、拓宽公众参与文物保护渠道、建立文物保护基金会、构建地方文保工作志愿服务团体,引进社会公众力量,增强有关"文物属于公共财富"的观念,提升公众协同保护文物的意识,为文物保护工作提供源源不断的资金活力。

(四)完善并落实文物法律责任制度

1.构建针对性文物保护法律体系

为了加强对文物的保护,继承中华民族优秀的历史文化遗产,促进科学研究工作开展,进行爱国主义和革命传统教育,建设社会主义精神文明和物质文明,我国根据宪法,制定了《中华人民共和国文物保护法》。总体来说,因为不同法律条款发挥作用的情境不同,相关法律的适应性尚有待提升,当前我国制定的文物保护相关法律的目标与我国制定《中华人民共和国文物保护法》的初衷有些许偏离。因此,应当制定并不断完善能够适应文物保护具体情境的法律,并与其他相关的基本法律如《中华人民共和国行政处罚法》等相互协调,一同构建针对性的文物保护法律体系。

2.增强文物保护相关法律的可操作性

我国关于文物保护的法律条款大多是指导性条款,仅对几项重要法律规定作了笼统分类,缺乏具体的责任承担部门对应法律责任细则,文物行政部门职能范围不明确,执法方式不明确。针对民间收藏可移动文物,缺乏相应的规范管理和保护规定。当民间收藏文物遭到损毁,几乎没有适合的法律条款可以参考,这导致民间收藏文物的保护工作常年被忽视,民间收藏文物状态除持有人外无人可知,民间收藏文物的管理和保护工作开展无法可依。因此,我国应继续致力于完善法律责任体系,制定具体实施细则,增强文物保护和管理相关法律的可操作性。

第三章

文化遗产与文化资源
管理体制机制国际借鉴

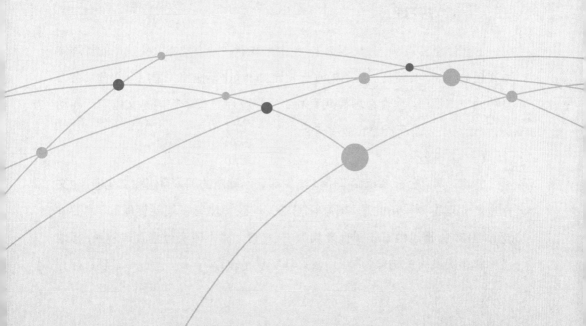

文化遗产与文化资源作为思辨"过去"与"现在"关系的重要凭借,是减少全球化对地方文化、身份认同冲击的核心要素。伴随着文化遗产管理体系内外环境的深刻变化,文化遗产管理应适当借助"他山之石"。国外没有国家文化公园这一概念,但关于国家公园或者国家层面的文化遗产管理模式值得借鉴。国外国家公园管理模式大体可分为垂直管理模式、综合管理模式和属地管理模式,国家的文化遗产管理模式虽然不同,但也有一定的相似性。本章在对不同国家实行的三种文化遗产管理模式进行梳理的基础上,分析中外现有文化遗产管理体制机制的差异,并结合中国文化遗产与文化资源管理实际情况,对不同文化遗产管理模式下中国的适应性进行分析探究,试图以多维举措构建文化遗产管理新模式,着力推动我国文化遗产与文化资源管理事业在新时期实现有效保护与可持续发展。

第一节　国外文化遗产管理模式

一、垂直管理

垂直管理模式以中央集权为主,由中央政府在地方建立文化遗产的管理体系并任命代表,实行自上而下的垂直领导,同时让其他相关部门合作和社会力量协助中央管理。垂直管理模式有利于中央政府直接掌控国家文化遗产的动态,保证对中央遗产资源的绝对支配。

（一）美国

美国的国家公园系统涵盖了其绝大部分已确定的国家自然和文化遗产,文化遗产管理主要采用的是"国家管理局—地区管理局—基层管理局"式的垂直管理体制,即以国家公园管理局为中心,自上而下地实行垂直式领导,其他机构和相关民间机构作为辅助,较好地实现了教育、科研、保护等管理目标。

Grincheva认为,美国政府之所以没有直接设立文化部门掌管全国文化事务,是由于美国根深蒂固的文化民主和自由贸易思想。[①]

国家公园管理局是美国国家公园管理体制的中心,该局隶属于美国联邦政府内政部,它负责全国国家公园的管理、监督和政策制定等。下面按区域划分为七个区域局。各个区域局对所辖的国家公园管理机构实行直接管理,并对其行政工作进行全面的监督。国家管理局、地区管理局、基层管理局三级行政机关均为垂直纵向管理,与当地政府无直接的合作关系。国家公园管理机构负责公园内的资源保护、参观游览、教育科研等项目的开展及特许经营管理,权责分明,且本身不能从事任何营利性的商业活动。国家公园内部的管理机构拥有正式职工、临时员工、志愿者共计数万人,其中的管理人员要求有相应的学历并接受过专业培训。如此一来,美国国家公园管理局便具有相对的独立性,自成一体,可更好地实现遗产保护与管理的目标。美国是一个土地私有制的国家,联邦、州、市、郡各自独立地管理对应等级的所有土地,而在不同的行政层级间,没有权力实施强制性的土地政策,相应的是各级政府通过各种形式的财政支持,实现互相影响和合作。

历史遗产保护顾问委员会建立于1966年,是美国政府为加强历史文化遗产保护、有效利用历史遗产资源而设立的一个管理与咨询机构。这个委员会同样隶属于内政部,并对美国总统和国会直接负责,在如何保护历史文化遗产方面提供建议,审批国家历史文化遗迹名录,并就遗产保护的管理和法律提出改进建议,评估对遗产保护造成影响的开发项目与政策,负责指导各州和当地政府制定有关文化遗产的法律法规,面向社会公众推广、宣传文化遗产。美国各州还设立了历史文物保护办公室,该办公室的职责是依循联邦政府的请求,制订各自的文物保护方案和文物保护计划,并计算采用不同措施所需的相应预算,督促具体措施的落实。各地方政府还设立了历史街区委员会,安排专人专门负责文物的保护。

---

① Grincheva G. U. S, "Arts and Cultural Diplomacy: Post-Cold War Decline and the Twenty-First Century Debate", The Lournal of Arts Management, *Law and Society*, 2010, 40(3).

从联邦政府的历史遗产保护顾问委员会、国家公园管理局,到各州的文物保护办公室、各县市群的文物管理委员会,以及各地的民间文物管理组织团体,美国的文化遗产保护体系纵横交错,责任分明,相互配合。

(二)英国

英国同样使用垂直管理模式,其文化遗产的保护组织架构分为中央、地方、非政府三种,三种类型的文化遗产保护服务范围包括从国外到国内、从地方到个人,具有较好的结构和灵活性。①

在英国,中央一级的公共文化管理部门是在1997年设立的文化传媒体育部(Department for Culture, Media & Sport,简称 DCMS)。其负责统筹管理,并委任英格兰遗产委员会(English Heritage Committee)具体管理②。

这一机构的设立旨在"以投资创新的方式,凸显英国的优秀文化资源,保护英国的文化遗产,并推动英国企业和社会参与到文化传承中来"。2017年,这一部门改名为"数字文化传媒体育部",并在第二年发表了一份声明,称DCMS是英国政府管理文化遗产的最高权威机构,负责国家层面的文化遗产的保护,是所谓的中央政府一级的文化行政机关。它又分为艺术、建筑、创作部门和文物古迹工作小组,专门负责英国政府的文物保护工作,可以提供专业的技术咨询服务。

除以上提到的中央政府层面的文化管理机构外,英国各地政府根据各自的实际情况,也会成立文化行政管理机构,负责有关的文物保护工作。它们在中央政府和英格兰遗产委员会的监督下进行操作。以英格兰为例,根据1983年的《国家遗产法》所述,英格兰历史建筑和古迹管理委员会(The Historic Buildings and Monuments Commission for England,英格兰遗产委员会的官称)旨在调查、保护和提升英格兰历史文化遗产的环境,让民众了解并参与到保护中来。其运作资金来自文化传媒体育部,但不属于政府机关,属于中立的、不受

---

① Vakhitova V T, "Enhancing Cultural Heritage in an Impact Assessment Process: Analysis of Experiences from the UK World Heritage Sites", *Brain Research Bulletin*, 2013, 88(5).

② 刘庆余:《国外线性文化遗产保护与利用经验借鉴》,《东南文化》2013年第2期。

执政党影响的独立机关。此外,诸如"国家基金(National Trust)"和"遗产彩票基金(Heritage Lottery Fund)"等公益机构,也是历史环境保护的骨干力量,其主要工作是从民间筹资后对历史遗产进行修缮和长期维护。

英国的文化传媒体育部承担着政策制定、财政拨款等宏观调控功能。此外,其他地方的非政府组织和民间团体也承担着重要的任务。民间NGO(非政府组织)通常是由本地居民或专业人员自发组成,他们聚集在一起,从事有关的义务保护、研究、维护、宣传,以及文化遗产的咨询工作。这种民间的文化机构与文化组织,虽然不直接隶属于国家的文化局,但是可以向政府申请运营经费,如向英格兰遗产委员会、大英博物馆等。它们可以独立地制定、执行规章,开展业务;此外,艺术品收藏咨询委员会、威尔士语合作委员会、苏格兰威士忌协会等则主要为政府当局提供专业意见。这些"政府"和"非政府"组织,在公共文化管理工作中不存在上下级的行政关系,更多的是互相支持、分工协作。

与此同时,英国政府重视各种利益团体的参与,如旁特斯沃泰水道桥与运河(Pontcysyllte Aqueduct and Canal)横跨英格兰和威尔士两个行政区,2007年6月,由北威尔士雷克瑟姆镇(Wrexham)议会领导成立了一个多方参与的指导委员会,英格兰遗产委员会、威尔士皇家古老及历史纪念物委员会(Royal Commission on the Ancient and Historical Monuments of Wales)和英国水道组织(British Waterways)等为参与主体。①

二、综合管理

综合管理模式兼具中央集权和地方自治两种管理,同时鼓励营利性和非营利性社会力量普遍参与。中央下设专门的部门进行规划、决策、监督,地方政府设置相应部门对当地的文化遗产进行管理,这一模式在缓解中央压力的同时,保留中央政府对地方的主导性。

---

① 葛建伟:《英国文化遗产管理措施对我国非遗保护工作的启示》,《中国多媒体与网络教学学报:电子版》2020年第5期。

（一）法国

在法国文化遗产领域内涉及"国家"的词汇（如国家博物馆等），指的是国家管辖权，并不意味着对法国的依附程度。[①]法国在遗产资源的经营上，遗产的管理工作表现为"外部化"与"内部化"。"外部化"是指一个遗产组织将其遗产事务的一部分，如接待、娱乐、安保、维护等，以及诸如购物、餐饮等辅助事务出租或转让给私人机构经营。这样，这个遗产组织仍然是面向公众的。所谓"内部化"，就是把所有的业务都收回，由遗产组织自己经营。此时的遗产组织，不但具有公共属性，而且在运作上也是完全的自主。遗产管理制度的变革，是内部化还是外部化，在很大程度上依赖于"成本"。[②]

法国文化部下属的文化遗产管理局在当地也设有相关的部门，对文物的状况和保护状况进行调查和监测。在法国，只有不到5%的文化遗产是由中央政府直接管理的，几乎有一半是由地方政府管理的，地方文化遗产保护的行政机构分别为市政一级、省一级及大区一级的相关文化遗产保护行政管理机构等；[③]另有一半是私人管理的。法国传统的文化遗产保护工作，一般委托社会团体来进行。在法国保护文化遗产过程中，民间组织扮演着重要角色。民间团体主要以古迹、古建筑保护为主要工作内容，其资金来源主要有政府补助、社会资助（包括古建筑拥有者将其财产捐赠）、产业化经营。

为了更好地发挥民间组织在遗产保护中的作用，法国政府签署了国家与协会契约宪章，全面确认民间组织在保护遗产过程中的地位，赋予其参与相关的遗产政策制定的权利，并着重于重新确定其职能，将一些遗产的认识和管理权完全移交给当地最直接的机构，从而实现了"责""权""利"的真正整合。2001年，法国政府把"国家遗产日"的主题定为"遗产与协会"，借此机会，让民众能够和长期积极、志愿参与文物保护的人士相接触，加深对文物保护工作及

---

① Kono T, "The impact of uniform laws on the protection of cultural heritage and the preservation of cultural heritage in the 21st century", *Brill*, 2010.

② 徐嵩龄：《西欧国家文化遗产管理制度的改革及对中国的启示》，《清华大学学报（哲学社会科学版）》2005年第2期。

③ Monnier S, Forey E, "Droit de la culture", *Gualino Master Pro*, 2009.

成果的认识。民间团体在遗产保护中的角色与地位得到了日益广泛的认可。

18—19世纪，法国开始关注保护历史性纪念建筑，到19—20世纪则偏重于对历史建筑、自然景观等文化遗产的保护，再到20世纪中后期，随着城市化与现代化发展，立法者将文化遗产保护与现代化发展之间的关系纳入考量范畴，法国的文化遗产保护由"历史时间"向"地理空间"转变，[1]除此之外，法国还开始了对可移动文化财产的立法工作。[2]

通过近两百年的努力，法国地方政府结合城市的特征，制定了更加详尽、深入、有针对性的保护、管理、控制性法律法规，已形成以《遗产法典》为核心，以物质文化遗产保护为主体，与《商法典》《刑法典》等相互配合有机协调的完整的法律保护体系，为文化遗产保护织就了一张严密大网，包罗万象，为文化遗产保护提供了强有力的法律保障。[3]法国的文化遗产保护体系具有鲜明的特点，即健全的国内法律框架与灵活、详尽的地方法律体系。

（二）日本

日本为了保障文化遗产保护的顺利运行，建立了一套比较完备的管理体制。日本文化厅是隶属于文部科学省的副部级行政机构，在1968年成立后，负责文化遗产的管理、保护和活用[4]。除中央部门外，日本政府于2000年4月颁布了《地方分权一揽子法》，该法赋予了地方政府管理文化事务的权力，地方文化行政机构获得了更大的自主权[5]。日本各都、道、府、县、市、盯、村都设有相关文物保护机构，中央与地方共同管理文化遗产。各级政府相关机构内文化遗产保护审议会、文物保存、考古研究等组成人员配备齐全，责任到人，各部门、各职位都有详细的分工和责任。

---

① Neyret R，"Du monument isolé au 'tout patrimoine'"，*Géocarrefour*，2004，79(3):231-237.

② Kono T，Wrbka S，"The Impact of Uniform Laws on the Protection of Cultural Heritage and the Preservation of Cultural Heritage in the 21st Century"，*Thematic Congress of the International Academy of Comparative Law*，2010，14（2）.

③ 郭玉军、王岩：《法国文化遗产保护立法的沿革、特点及对中国的启示》，《武大国际法评论》2020年第1期。

④ 孙洁：《日本文化遗产体系（上）》，《西北民究》2013年第2期。

⑤ 司晴川：《文化产业管理体制比较研究》，武汉大学，2014年论文。

日本通过立法界定了文化遗产当事各方——政府、地方公共机构、文化遗产的所有者和管理人、普通公民的相关法律责任、权利和义务，从而获得了其文化遗产保护的"全民制度"经验。①日本的历史文化遗产保护立法从根本上讲是以地方立法为中心的。这样的立法制度，对中央和地方的责任有着明确的划分与规划，可以有效地调动当地的文化遗产保护积极性，对于落实具体的文化遗产保护措施有着非常重要的作用。除此之外，日本国家层面的法律法规健全，与其地方层面的保护法规相互配合，形成完整的文化遗产保护体系。同时，日本有关文化遗产的法律法规具有高度可操作性，在明确的对象和范围的前提下，仅对保护的方式进行了原则性的限制，而关于保护的程序，国家、地方、民间组织之间的责任和相互关系以及资金的来源、违法行为的处罚等方面，则十分详细和严谨。既要严格地控制和限制保护的程序，又要赋予特定的保护实践一定的弹性，这就使得法律自身具有可操作性和适应性双重特点。

《日本文物保护法》将国家历史文化遗产最重要的一部分纳入中央管理，而地方政府确定了更广泛的保护区域，能够自行设立传统文化遗产保护地区，并制定保护条例。日本于1998年颁布的《特定非营利活动促进法》，授予特定的非营利性组织法人身份，以鼓励公民通过义务工作来维护其所处的历史社区。日本的历史环境保护由保存单体发展到了历史资产的再生和再利用，由传统的注重技术的保护转变为关注当地社区居民的感受，而居民的主动参与也使得文化遗产得到更多保护。②

三、属地管理

属地管理模式即地方政府拥有较高的自主权，中央政府只负责形式立法权和出台相关政策，并对属地进行监督，其主要负责对外交流与内部沟通协调。属地化管理的主要特点是：中央政府保留立法和监管的权力，管理目标有着明

---

① 周星、周超：《日本文化遗产保护的举国体制》，《文化遗产》2008年第1期。
② 王晓梅、朱海霞：《中外文化遗产资源管理体制的比较与启示》，《西安交通大学学报（社会科学版）》2006年第3期。

显的地域性，地方政府和社会力量是文化遗产管理资金的主要来源。属地管理模式有利于缓解中央的财政压力，并帮助地方依据自身发展水平制定适宜的发展政策。

（一）德国

德国是一个联邦制的国家，政治和法律上的重大决策，要经联邦政府与州政府协商，之后才能确立。[①]按照德国的宪法制度，各个联邦州享有文化主权（Kulturhoheit），[②]因此德国联邦政府仅限于对"阻止本国文化财产外流"的内容做出法律规定，而与文化遗产相关的其他问题，则归各联邦州管辖，属于各州的权限。[③]

尽管在国家层面也有与文化遗产保护相关的法律，如《联邦建筑法》，但德国并没有一部专门的法律统一规范管理全国范围内的文化遗产事务。因为德国的文化遗产管理事权在各个联邦州，16个州，每个州都有专门的遗产保护法，比如首都所在地柏林，就制定了《柏林历史遗产保护法》。

德国联邦政府没有设立专门的文化遗产管理部门。1998年，联邦政府设立了文化与传媒事务专员，由国务部长担任，主要负责协调各联邦州之间的文化事务，并负责与欧盟之间的文化事务衔接。该专员之下，配备有具体负责衔接文化遗产事务的人员。在这种体制框架内，德国遗产保护委员会作为一种州际协调机制，负责协调跨州的文化遗产保护事项，交流各州的做法，讨论共同面对的问题；委员会主席由各州遗产管理部门的负责人轮流担任。另外，联邦层面还有与世界文化遗产事务相关的协调机构——联合国教科文组织德国委员会，以及外交部多边文化和媒体政策部门内的世界遗产协调专员。

与文化遗产管理事权属于各联邦州的体制相适应，德国负责文化遗产管理事务的实体机构设置在各州及下辖的次一级行政区。柏林的情况可以反映

---

① 白瑞斯、王霄冰：《德国文化遗产保护的政策、理念与法规》，《文化遗产》2013年第3期。

② Vatter A，Freitag M，"Vergleichende subnationale Analysen für Deutschland. Institutionen"，*Staatstätigkeiten und Politische Kulturen*，2010.

③ 任超：《德国文化遗产法律保护的规范体系、发展趋势和借鉴价值》，《河北大学学报（哲学社会科学版）》2021年第1期。

多数州的情形,其文化遗产管理体系包括三个层级的部门,即负责政治和政府事务的最高保护部门——州文化和欧洲事务部(Senate Department for Culture and Europe),负责遗产保护、登录、补助、税收豁免认证等业务工作的柏林遗产保护部门,以及柏林所辖12个区的遗产保护部门。另外,有些大体量的遗产地,如位于柏林与波茨坦的普鲁士王宫和园林,还设有专门管理机构。

德国的文化遗产管理事权在地方,从遗产调查、确认、登录,到遗产保护项目和建设项目管理,都是由州和州以下的遗产保护部门负责的。在柏林,州辖区的遗产保护部门直接同遗产所有人发生联系,与遗产有关的建设活动的许可职能由区级遗产部门承担。根据《柏林历史遗产保护法》,凡涉及遗产的外观改变,部分或全部拆除,从目前或保护位置迁移,更新、修复或改变用途,都必须获得所在区遗产保护部门的许可。许可申请由遗产的业主提出,区遗产保护部门依据已获批准的技术准则或经柏林遗产保护部门同意,做出许可决定。州文化和欧洲事务部对柏林遗产保护部门的工作实施监督,并在许可项目存在异议时,直接对区遗产保护部门进行指导。

德国文化遗产保护的经费保障方式是多元的,既有税收减免,也有政府资金补助,既有各种基金会的资金投入,也有企业和个人投入。联邦政府对文化遗产保护有较大投入,东、西德统一后,对于地处原东德的新的联邦州遗产保护项目,投入力度更大。如从1991年开始实施,主要着力于原东德区域的城市建筑遗产保护项目(2009年开始在全德境内推行),联邦政府作为推动方,在国家、州和城市三级政府投资中力度最大。1991年和1992年,联邦政府投入在各级政府投入中占比为50%;1993年占43%;1994年占38.5%;1995年以来占40%。但与联邦政府没有一个专门负责文化遗产事务的部门一样,德国在国家层面也没有常设的面向全国文化遗产保护的专门资金。相较而言,州一级对于遗产保护的财政激励和经费保障机制更加制度化、经常化。尽管联邦州可以用于直接投入文化遗产保护的资金多有匮乏,但所有联邦州在法律层面都能为文化遗产所有人或使用人提供开具所得税优惠证明,从而减轻其因持有、保护文化遗产等行为而产生的经济负担,间接达到助力文化遗产保护的目的。①

（二）瑞士

瑞士的联邦制度是以联邦与州"双重主权"为基础的，它的管理方式受到了政治制度的影响，采取了属地化的文化遗产管理方式。瑞士的中央政府负责对文化遗产进行立法与监管，并给予适当的财政补贴，各州在中央政府的领导下，依据各自的特点具体实施保护措施。

从行政级别来看，联邦环境署主要负责保护自然和景观，联邦文化署负责保护文物古迹和考古挖掘，联邦道路署则负责保护具有历史意义的道路，各州也都成立了相关的行政机构。不过瑞士并没有国家层面统一的文化遗产保护政策与法律法规，各州在文化遗产的保护和发展上拥有极大的自主权。

在联邦政府的总体政策框架内，各州都可以根据当地的具体情况，制定相关的地方性法律法规，并由地方政府具体执行；从资金机制来看，瑞士的文化遗产融资制度具有"自下而上"的特征：各州的财政和土地规划局负责文化遗产管理和维修基金筹集，其中超过半数的经费来自社区，大约35%来自各州政府的拨款，其余部分来自联邦；此外，各州还设立了一个文物保护专家委员会，定期向本州政府汇报保护和利用该地区的文化遗产的情况。以上制度体系的制定与瑞士的情况相适应，并在实践中取得了良好的效果。②

第二节　中外文化遗产管理模式对比分析

一、中外文化遗产管理的差异性分析

（一）组织体系

长期以来我国文化遗产管理的组织体系采用国家主导与属地管理相结合

---

① D Davydov, "Denkmalschutz und Eigentumsgewährleistung im deutschen und russischen Recht", *Eine rechtsvergleichende Darstellung unter besonderer Berücksichtigung der Rechtslage in Nordrhein-Westfalen und dem Gebiet Leningrad. Suedwestdeutscher Verlag fuer Hochschulschriften*, 2010.
② 张国超、刘双：《中外文化遗产管理模式比较研究》，《福建论坛（人文社会科学版）》2011年第4期。

的模式,由文化和旅游部(国家文物局)、住房和城乡建设部等多部门管理。某些特定文化遗产存在多头管理的现象,没有形成统一的管理机构,文化遗产职能部门从中央到地方形成垂直管理的"条"形格局。地方政府在各项事权上形成水平并行的"块"状序列。[①]具有职责条块结合、部门间业务交叉等突出特征。国家文化公园的范围多涉及较多行政区域,各个省市对所辖范围的国家文化公园实行差异化的管理方案,具有属地化和职责条块化的突出特征。我国文化遗产的管理涉及多个部门,传统文物由文化和旅游部(国家文物局)管理,风景名胜区现已由住房和城乡建设部改为自然资源部管理,古城、古镇、古村等由住房和城乡建设部管理等。在这种组织体系下,经济属性容易过分突出,当涉及具体的经济利益时,所属的多个权责部门容易产生冲突;而当涉及具体的问题或保护责任时,所属的多个权责部门容易互相推诿,权责不清。我国现行文化资源的分类标准是依照资源属性划分,未能很好地突出文化遗产的文化核心价值。

国外文化遗产管理的组织体系采用统一管理的模式。不同国家实行的三种文化遗产管理模式具有共同之处,即具有统一且处于主导地位的单一行政主管部门,该部门统领并安排文化遗产的管理任务,把任务细化分类分配到其他的部门及其所辖单位,其他相关部门只具有辅助或监督该主导部门的作用,这样有效地调节了该部门与其他相关部门的利益关系,也防止出现多头管理的问题。在垂直管理模式中,意大利将文化遗产的保护交由中央政府统一管理,中央对地方垂直领导,地方政府设立的文化遗产保护机构仅负责本地区文化遗产的宣传和推广工作。英国文化遗产在国家层面由文化传媒体育部统一负责,委托英格兰遗产委员会具体管理。美国国家公园管理局是联邦内政部直属的管理机构,垂直管理全国各地的国家公园。在综合管理模式中,法国在中央政府一级负责文化遗产保护的机关是文化部建筑与文化遗产司。法国的非物质文化遗产(非遗)行政管理机构是"法国非物质文化遗产中心"(Centre

---

① 王晓梅、朱海霞:《中外文化遗产资源管理体制的比较与启示》,《西安交通大学学报(社会科学版)》2006年第3期。

Français du Patrimoine Culturel Immatériel, 简称CFPCI），其任务是保护、传承和促进法国的非物质文化遗产。而文化部一直是文化遗产保护的核心机构，下设专门负责各种不同类型遗产的部门，各类受保护的历史文化遗产所在地也分别设有专门的管理和保护机构。日本文部科学省文化厅负责管理所有与文物保护直接相关的事务。在属地管理模式中，德国文化遗产管理的各项事务均由地方政府负责，国家只负责宏观政策与法规的制定。以国家公园为例，德国洪斯吕克乔木林国家公园由萨尔州国家公园管理办公室具体管理。

（二）管理理念

关于文化遗产保护与利用的关系，国内尚未形成符合国家文化遗产特性和中国传统审美、价值取向的管理理念，早期着眼于遗产的科研价值，强调遗产的保护却未能与市场经济发展契合，出现为保护而保护的僵化管理，后期又过分强调发挥遗产的商业价值，都没能很好地体现遗产的公益价值。中国在文化遗产管理中采用的产权分离等措施均显示出浓厚的经济属性。国内的文化遗产地基本实行门票经营模式，但所获得的门票收入并没有用于资源的保护，而是用于资源的进一步开发。文化遗产的保护首先要在理念上树立对传统文化价值的认知，保护与开发利用绝不仅仅是简单的商业运作。保护好、传承好历史文化遗产是对历史负责、对人民负责，党的十九大报告也提出"加强文物保护利用和文化遗产保护传承"。从文物管理到文化遗产管理，从以保护为主到保护为主、合理利用，对象和指导原则的变化，也让文化遗产同时承担经济和文化双重价值。

国外的遗产管理理念则强调公益性，注重资源的保护性开发和可持续发展。国外的遗产管理人员把自己当作服务者而不是所有者、管理者。美国国家公园管理局将自己的职责概括为："为了让我们的子孙后代能够享有和接受教育、激励，保护国家公园的自然、文化资源和价值。"[①]Farrelly等主要探讨了文化遗产的生产者（遗产管理人）在文化遗产保护中的作用。他们相信文化遗产

① "National Park Service"，*The mission of the National Park Service*，http://www.nationalparkservice.org/，2022-03-02.

具有三大基本属性：物理形式，与文化及历史意义的联系，积极传递意义的活力[①]。基于这种非营利性的理念，国外建立了与之配套的经营机制、管理机制等，如国外的文化遗产地基本实行免费或者低票价经营模式，管理费用主要来源于国家财政拨款，门票收入占比较少。这种"公益性"的管理理念在法律法规的保障下得以持续发展。美国正是贯彻公益性理念的典型代表，也在建设国家公园中落实该理念，在园区内部除了不可缺少的基础设施外，不进行任何商业性开发。英国不仅关注文化遗产保护的经济价值，还致力于实现其社会价值，如教育、社区发展等，通过强制性或经济补偿的形式保护乡村的景观风貌。

（三）资金机制

在资金机制方面，我国文化遗产保护的资金主要由地方政府财政资金和旅游收入组成。地方政府是文化遗产保护和管理的主体，该机制不太完善，首先资金总量严重不足，其次所获资金不仅要用于文化资源所在地的日常管理、资源与环境的保护，还要用于资源开发，以促进当地经济的发展。由于资金的缺乏，许多文化遗产管理机构只能通过提高门票费用、扩大旅游规模或直接参与保护区内的经营活动等进行创收。当管理者与地方政府、私人经营团体形成利益联系，便无法把资源保护作为重心。在特许经营中，采用政府部门组织建立国有企业，然后委托该企业管理的模式。政企没有分割开，企业也没有从政府获取经济支持，只能把经济效益放在首位。故宫博物院在文创产品的开发中也应用了特许经营模式，通过签约、授权等形式把文创产品的各个环节交给私营企业。

国外文化遗产的保障资金的主要来源均为政府财政拨款，但不同文化遗产管理模式具有一定差异。在垂直管理模式中，财政拨款主要来自中央政府，而在另外两种管理模式中，财政拨款主要来自地方政府财政拨款，但通过各类融资方式，如个人和企业募捐、基金会捐赠等筹集的资金在文化遗产保障资金总

---

① Farrelly F, Kock F, "Josiassen A.Cultural Heritage Authenticity: A Producer View", *Annals of Tourism Research*, 2019, 79.

额中也占有相当比例。总体来说，国外形成了多渠道、多层次的资金筹措方式，以国家和地方政府的财政拨款为主，以基金会、企业等其他渠道为辅。在特许经营中国外文化遗产的经营特别重视政企分离，并对文化遗产进行分类管理。当一些遗产保护级别较低时，会运用市场化手段把该遗产的经营权甚至是所有权移交给非政府机构，而将本就匮乏的资金用在级别更高的遗产保护中，还能通过售卖、租赁等方式获取额外的收入，文化遗产管理机构则对特许经营的项目进行严格的监督监管。

世界上文化遗产保护水平较高的国家和地区，其资金的来源可以概括为三个方面：一是由政府直接投入，二是政府在专项彩票发行方面的间接投入，三是社会组织和个人的投资。政府直接投资模式中，美国在国家公园体系中把国家财政支出作为国家公园的资金来源，目前正逐步增大社会团体或个人的社会投入所占比例。英国的文保资金主要来自政府专项资金投入，同时将部分文化遗产工程交由企业经营，并在财政和税收方面提供一定的支持和优惠，如设立遗产补助基金、国家遗产纪念基金、遗产彩票基金等，志愿者的义务劳动、无偿提供房产和固定资产等也可纳入捐赠范围。意大利的"文物彩票"模式是典型的专项彩票类型，意大利将文化遗产的保护作为全民事业，企业和个人等都积极投入资金，还以文物彩票等形式获取资金。意大利还在引入社会资金参与文物保护利用方面做了许多探索，为了激发个体主动参与，采取了指定个人所得税用途，对企业、个人用于文化遗产保护、修复的资金与捐款给予税收抵扣，租赁公共文化财产等多种方式。2014年出台了另一项税收抵免幅度更高、操作性更灵活的艺术补贴政策，在吸纳中、小额度的捐款方面发挥了重要作用。而在日本，已逐渐形成以国家投资带动地方政府资金为主，社会团体、慈善机构及个人多方合作为补充的资金体系。

（四）法律机制

在法律机制方面，国内关于文化遗产保护的法律体系并不完善，仅有《中华人民共和国文物保护法》与《中华人民共和国非物质文化遗产法》（以下简称《非物质文化遗产法》）两部关于文化的行政法，其他多为相关职能部门颁布的部门规章以及地方性法规，总体法律效力不足。地方政府多以经济建设为中心，文化遗产法规的保护职能在地方经济发展中总是处于劣势地位。《中华人民共和国文物保护法》和《非物质文化遗产法》将文化遗产进行了简单的区分，但是两者之间是紧密联系的，不利于文化遗产的整体保护，同时两部法律不能覆盖文化遗产的所有保护对象，相关概念较为笼统，理念上也落后于国际先进经验，致使条例在执行过程中困难重重。总的来说，目前缺少统一的上位法。

国外关于文化遗产保护的法律已形成完整的体系，主要有专项立法和综合性立法两种。专项立法的国家有美国和英国等，综合性立法的国家有日本、德国等。[1]一般都对文化遗产进行了高位阶的立法，并在其中明确了国家公园的法律地位。意大利诞生了世界上首部关于文化遗产保护的法令，又在1999年发布文化遗产保护联合法。在美国，几乎所有的国家公园都有独立立法，就像1872年的《黄石国家公园法案》。法国出台了首部关于文化遗产保护的《保护历史古迹法》，目前已经形成了以《遗产法典》为核心的法律保护体系。我国文化遗产保护尤其是国家文化公园的立法建设可以吸取国家公园立法建设的经验：一是制定完整的全国性的法律法规，明确规范利益相关者的权责关系；二是强调公益性的管理理念；三是注重多元化参与，将公众参与放在重要地位。

（五）咨询机制

咨询机制即人才机制，咨询机构能够确保文化遗产保护的专业性、科学性。我国最早采用的是以公有制为主体的属地委托代理模式，该模式下的管理主体是政府，结构较为单一。文化遗产的相关决策主体是政府遗产管理部门，其决策属于行政行为，采用专家咨询模式，部分专家能够依照政府的决策来为具体措施提供建议支持。现有的咨询机构缺乏最基本的独立性，也没有明确的法规确认其职责。目前管理模式已经从简单的政府主导转为"政府+企业"二元的模式，[2]从专家咨询模式转为全社会共参共治的新机制。在学术层面，文化遗产管理部门与相关科研机构互动性不强，未能达成良好的合作关系。

---

① 李闽：《国外自然资源管理体制对比分析——以国家公园管理体制为例》，《国土资源情报》2017年第2期。
② 厉建梅：《文化遗产的价值属性与经营管理模式探讨》，《学术交流》2016年第11期。

国外更多地把政府作为文化遗产保护职能部门。各级政府均拥有咨询机构——专家咨询委员会。委员会全权负责文化遗产的相关事宜,包括保护目标的确定、保护规划的制定等。美国的国家公园管理部门多设有科学研究机构,由政府和非政府组织提供科研基金,对某一国家公园的相关事宜进行长期的研究。意大利十分重视专业人才的培养,建设罗马修复中心、佛罗伦萨文物保护研究所等国家级教育培训基地培养专业人才,国立和私立大学还开设相关专业课程。日本在1950年出台《文化财保护法》,提出"无形文化财"概念,为被认定的无形文化财持有人提供荣誉和经费赞助。法国十分重视专业人才的作用,在文化部和文化机构聘用众多民族学家和人类学家担任重要职位,并在全国各地设立民族学工作站,主要负责人才培训与学术研究等工作。1882年法国设立卢浮宫学院专门培养遗产保护人才,1973年索邦大学设立文化遗产保存和修复部。

(六)财权与事权

我国文化遗产管理的主要形式是委托代理制度,以公有制和分级属地化管理为特征。文化遗产管理一直存在着两种常见的经营模式。一种是以美国国家公园为代表的"国家公园",由政府同时掌握遗产的所有权、经营权与管理权;一种是"经营权委托",将文化资源视为经济资源,采用市场化导向,政府保留所有权和管理权,把经营权转移给私营企业。在我国大部分的文化遗产虽然是国家所有,但各级地方政府掌握着实际所有权、管理权、经营权,成为日常实际管理主体。当所有权和经营权都归于政府部门,由各级政府委托委员会管理经营,保护效果好,但是对文化遗产的价值挖掘不足,还缺乏合理的监督机制。从私营企业参与遗产管理的效果看,私营企业对遗产保护的专业性不足,且以经济效益为重点进行开发,多导致重开发而轻保护的现象。委托经营虽然取得巨大的经济效益,实际上并没有实现政企分离,决策权依然在政府手中。文化遗产管理经费主要依靠中央和地方政府财政投入,资金来源十分单一。由于完全依赖财政支持,缺乏创收的积极性,当管理经费不足时,会产生文物保护不当及过度利用等问题。而且这种政府主导的自收自支的经费划拨方式缺乏有效的监督机制。

国外文化遗产管理有着清晰的权责划分,外加政府财政保障,遗产管理机构没有营利的需求,保证了"非营利性"。管理权与经营权相分离是不少国家采取的经营管理制度。许多国家和地区通过采取介于政府与市场之间的制度安排,同样实现了对当地公共资源的成功管理。①英国的文化遗产主要由中介机构或社会公益性单位经营管理,政府部门只是提供政策引导、法律法规支持,并不直接介入文化遗产的具体经营管理。在资金分配上也是政府部门将资金转给中介机构,再由中介机构具体分配给各个遗产保护单位,确保遗产保护单位的独立性和自治性。此外,英国也会采用政府公共部门与私营部门合作经营文化遗产的模式,主要通过实施税收优惠政策、设立遗产彩票基金等方式进行。英国还采用由志愿组织参与的非营利经营机制,此模式不排斥营利,但是经营所得不能分配,只能用于遗产保护。美国1965年在国家公园管理体系中引入了特许经营制度,但是特许经营的范围仅限于与文化遗产核心资源无关的后勤服务和旅游纪念品。

(七)多元化参与

居民参与:我国遗产地开发中过分关注自下而上的保护要求,忽略公众自上而下的保护约束。我国文化遗产保护管理的主体是政府、企业和社区居民,其中以政府和企业为主,社区居民的参与力度十分有限。遗产地在旅游开发过程中往往采取人地相对分离的社区管理模式,社区居民的资源利用权利容易被忽略,甚至被孤立于旅游开发之外,居民参与度相对不高。②近些年来,虽然参与情况有所好转,但是参与深度方面还有所不足。国外参与文化遗产保护管理的主体较多,包括政府、基金会、志愿者、社区居民等,尤其重视文化遗产所在地的社区居民,认为居民是文化遗产所在地的重要组成部分,他们的生活方式、习俗等和文化遗产的形成与发展息息相关。Grey等对当地居民和政府联合

---

① 张朝枝、保继刚、徐红罡:《旅游发展与遗产管理研究:公共选择与制度分析的视角——兼遗产资源管理研究评述》,《旅游学刊》2004年第5期。

② 程绍文、徐菲菲、张捷:《中英风景名胜区/国家公园自然旅游规划管治模式比较——以中国九寨沟国家级风景名胜区和英国New Forest(NF)国家公园为例》,《中国园林》2009年第7期。

经营的文化遗产进行了研究,他们认为如果文化遗产的经营和管理完全由外部利益集团或机构控制,可能会导致当地居民失去对其自身文化的掌控权,甚至面临文化传统的扭曲或丧失的风险。因此,强调本地治理和参与的重要性,使当地居民能够在决策和实践中发挥作用,保护和传承他们的文化遗产。[1]加拿大国家公园非常重视原住民在公园管理中的作用,注重发挥其积极性,并为他们参与国家公园的巡视工作等提供机会。[2]法国提出"去国家化",将文化遗产保护的主体转向居民。意大利将文化遗产保护工作当作一项全民事业。

非政府组织参与:我国目前文化遗产管理的社会参与力量由企业等营利性组织与非营利性社会力量共同组成。我国在1995年引入非政府组织概念,部分区域虽然建立了文化遗产保护协会等社会团体,但数量较少且功能受到限制。我国虽然在社会参与机制上进行了部分探索,但是由于公益性社会组织机构不成熟和政策税收方面的约束,在参与方式、参与程度等方面还没有成熟的调控举措,由于介入的程度不深,应有作用发挥尚不明显。国外已经形成较为成熟的非政府组织参与模式,这是人们主动参与文化遗产保护的体现。国外关于公众参与的理念都已落实,并在实践中分别探索出不同的模式。Fredholm等对一个成功的产业遗址进行了调查,发现成功的管理不仅仅是因为保存工作,更是因为参与者的投入、责任感和良好的人际关系。[3]英国的非政府组织属于慈善机构,包括议会法认定、皇家特许、信托和公司四种形式,四种形式的组织互相平行,独立负责各自事务,其工作内容各不相同,但都需要接受慈善委员会的监督。非政府组织的参与主体是会员、志愿者、专家学者等,资金来源方面更强调机构的自造血功能。英国还提出由志愿者组织(英国遗产信托组织等)经营的非营利模式,既保证市场化运作,又保证了公益性的管理理念。法国的文化遗产保护随着政府放权变化,从早期的国家集权式发展为现在的全

[1] Grey S, Kuokkanen R, "Indigenous Governance of Cultural Heritage: Searching for Alternatives to Co-management", *International Journal of Heritage Studies*, 2020, 26 (10).
[2] 张颖:《加拿大国家公园管理模式及对中国的启示》,《世界农业》2018年第4期。
[3] Fredholm S, Eliasson I, Knez I, "Conservation of Historical Landscapes: What Signifies 'Successful' Management?", *Landscape Research*, 2018, 43 (5).

民参与式。法国的非政府组织根据注册与否获得不同权利，根据工作内容分为基金会和协会两种形式，资金来源主要是政府财政支出，并通过各类税收优惠政策吸引社会捐赠。西班牙的文化遗产保护是政府主导下的全民参与，所以非政府组织未能完全独立于政府管理，更多的是作为政府组织的职能部门的协作组织。西班牙的非政府组织主要包括教学团体和民间团体两种，前者强调宣传教育功能，后者强调利用发展功能，资金来源包括政府财政支出、减税等政策支持、基金、彩票等。美国的非政府组织形成联邦—州—地方的三层结构，与政府部门形成完全对应的非从属关系，资金来源为社会捐赠以及非政府组织自身经营所得。美国的文化遗产保护是自下而上的形式，以民间组织为主导，政府协作。

二、参考国外文化遗产管理模式对中国的适应性分析

（一）垂直管理模式适应性分析

美国等国家因为其历史和国力的关系，在一些比较有价值的文化遗产上，通常采取联邦政府的纵向垂直管理方式。美国等国家是土地私有的国家，它们通过财政支持等来发挥中央和地方的作用。中国是一个土地公有制国家，其土地政策的实施必然是以行政控制为主，这就造成了我国在文化遗产保护中地方财政投入不足，中央出台政策难以有效落实的情况。除此之外，美国在国家公园管理中，《国家公园管理局组织法》和《国家公园综合管理法》均明确规定国家公园管理局能够在不违背国家公园建设宗旨的前提下同州和城市/郡开展合作管理，实现多方参与。①

由此可见实行垂直管理的条件是：中央政府拥有对文化遗产的绝对支配权，财政资金能够提供充分保障，法律和法规健全。对我国而言，若不具备以上的三个先决条件，盲目实行垂直管理模式，不但会造成中央与地方财政负担过重，还会因缺少各个层面的制约而导致文化遗产管理水平下降。②

---

① 杨如玉、杨文越：《美国公园体系规划管理的特点与启示》，《中国园林》2021年第6期。
② 苏扬：《美国自然文化遗产管理经验及对我国的启示》，《决策咨询通讯》2006年第6期。

尽管如此,对我国来说垂直管理模式的可借鉴之处在于:(1)各级政府可以通过行政控制和财政扶持相结合的方式与基层公园管理者进行协作;(2)美国联邦与各州之间的权力比较独立,而我国的中央与地方的关系则有所不同。

(二)综合管理模式适应性分析

实行综合管理模式比较困难。首先,这种模式对国家的政策、法律都有严格的要求,要把权力下放到地方政府手中,就需要加强立法、监督,否则很可能会对文物的公益性产生不利影响,也容易导致文化遗产缺乏保护。其次,综合管理模式"外部化"了部分文化遗产的经营权,倘若缺乏有效的监督,在利益驱动下,民间组织很可能会损害其公共利益。倘若采取综合管理模式管理我国的文化遗产,那么就要对获得"经营"权利的个体或群体提出更高的要求。

法国文化遗产的综合管理模式与我国文化遗产管理中的委托代理制度存在着许多类似的问题。从管理模式诞生的背景来看,主要是政府控制不力、财政负担过重,但是,法国中央政府用于遗产保护的资金数量要高于我国,遗产的保护工作开展得要比我国早,管理水平也相对高,相关的法律法规比较完善,社会和 NGO 在文化遗产保护意识上的发展也比较成熟,对文化遗产的保护也比较重视。以法国为代表的欧洲国家的政府在文化遗产保护领域也拥有比较大的权力,所以对他们而言文化遗产的保护压力没有我国那么大。因此,该模式并不完全适用于中国传统文化遗产的管理。不过,这一模式可以为我国的遗产管理提供一些有益的启示:对从事遗产管理的非营利性组织要慎重选择;尽早健全和国家遗产资源保护相关的法律;适当分散中央的权力;建立激励和制约机制,以提升地方政府管理遗产的水平与积极性。[①]

(三)属地管理模式适应性分析

属地化管理模式能较好地发挥文化遗产的教育、科研和经济功能,但前提条件是:由中央政府对遗产进行有效的监督,并通过这种方式来解决由于管理权与所有权分离、所有权主体缺位产生的问题。否则便会产生"好经念歪"的

---

① 刘世锦:《中国文化遗产事业发展报告》,社会科学文献出版社2008年版,第44—47页。

现象:"属地管理"演变成为高层职能部门推卸责任工具,如假借"属地管理"的名义将责任和任务层层转移,导致处于行政底层的基层政府陷入责任属地、权力不属地的治理困境。[①]

实行属地管理的前提是:(1)在地方政府进行文化遗产管理的过程中,注重约束、规范地方政府,让地方政府重视文化遗产管理的大局,并认识到文化遗产的公益性;(2)要营造一个良好的社会环境,让社会各界具有较强的文化遗产保护意识,从而形成有效的社会监管;(3)当地政府在文化遗产管理方面有很强的专业管理能力。另外,要理顺与明确权、责、利的关系和界限,以权、责、利一致为依据,对"属地管理"的适用范围进行科学、合理的界定,使"属地管理"规范化。同时,要建立"属地管理"负面清单,明确划分不能层层传导到基层的职责,防止"层层转移"。

当前,我国文化遗产保护的环境相对于属地化管理的适用条件仍有较大差距,地方政府在文化遗产管理上权利和责任不均衡,文化遗产管理部门的专业化管理水平不高、公众的文化遗产保护意识还不够强,如果完全交给当地政府来处理,没有健全的监督机制,文化遗产保护事业将很难实现可持续发展。

第三节　国外文化遗产管理体制机制对我国的启示

一、建立全国统一文化遗产管理体系

首先,建立统一的国家文化遗产管理部门——国家文化遗产管理委员会。国内文化遗产由多个部门共同管理,存在条块分割、多头共管等现象,易造成多重管理和利益冲突。在国外的文化遗产管理制度中,不管是垂直管理还是属地管理,都将文化遗产资源的处置权交给统一的管理机构,重点是确保管理机构的权责一致。可以建立国家文化遗产管理委员会,其具有管理权和监督权,

---

[①] 刘帮成:《"属地管理"权责失衡的根源与破解之道》,《人民论坛》2021年第26期。

直接由国务院领导，向下进行垂直管理。如在国家文化公园的建设中，突出文化价值，将国家文化公园内涉及的遗产名类统一为国家文化公园一块牌子，设立国家文化公园统一管理机构。在省级层面上，可以借鉴贵州省的经验，设置固定的国家文化公园管理机构，确保稳定的编制、资金与人才团队。在人事管理制度上，遗产地管理机构具有独立的人事权，人员构成上不再与地方政府产生交叉。政府也应该转换自身职能，作为文化遗产所有权的代理人，应该以政策引导为主。政府应从文化遗产的经营者转变为文化遗产的监督者。

其次，推动文化遗产管理体制从传统的国家文物保护单位向更高层次的国家文化公园管理体系转变升级，即以国家文化公园为主体，依托文化特色划分园区范围，整合范围内所有非物质文化遗产与物质文化遗产的资源，形成线性文化遗产跨区域合作保护的新型遗产管理体系。文化遗产包括物质文化遗产和非物质文化遗产，物质文化遗产中又包括自然文化遗产，对文化遗产的保护决不能简单地进行分割保护，而应予整体保护，这是多个国家探索出的有益经验。美国率先提出世界遗产地概念，并以国家公园形式，用国家力量主导自然文化遗产保护。我国也可以通过国家文化公园的形式对文化遗产实行整体保护。传统的国家文物保护单位更关注文化遗产资源的保护与修缮，国家文化公园则强调文化遗产的活化利用，将资源的保护与人结合起来，提高民族文化认同感，增强国家文化自信。

最后，强化文化遗产的保护与管理监管体系。开展资源普查工作，在盘点好文化资源底蕴的基础上，做好文化遗产资源的认定工作，按照文化遗产的价值实行分级管理，确定各级别权责关系，将文化遗产按照价值高低进行分级管理，最高位是国家级，然后是省级、市级，依次降低，按照属地管理、分级负担的原则进行管理。将文化遗产资源进行分类，根据资源特征划分功能分区，尤其应区分好核心区与缓冲区，对不同片区实行差异化管理，依照划分好的功能分区进行保护与开发。同时配套监督机制，以文化遗产的保护状态为监测对象，以年度报告的形式定期向国家文化遗产管理委员会汇报。

二、健全文化遗产保护法律制度

首先，将中央性法规与地方性法规相结合，完善专门性立法。只有完备的法律体系才能使文化遗产保护工作有法可依。国外在建设国家公园时，不管采用哪种立法模式，多数都是先在国家层面出台关于国家公园的基础法律。以国家文化公园为例，应制定《国家文化公园法》，落实"一区一法"。国家文化公园多为线性文化遗产，可以细分为物质文化遗产和非物质文化遗产，《中华人民共和国文物保护法》《非物质文化遗产法》可以提供一定的立法参考，但是国家文化公园总体规划更关注两者的整体协同保护，且由于国家文化公园一般都涉及多个省、市、县，因此同一国家文化公园覆盖区域的相关法规制度需要协调配合。

其次，将理念建设融入立法建设。文化遗产具有不可再生的特征，在文化保护遗产中，首先应当确定的是保护传承、活化教育的理念。同时借鉴国外公益性的管理理念，非遗文化管理强调"非营利性"，经营所获收益仅用于文化遗产保护的再投入。对于文化遗产的开发决不能停留在简单的商业价值层面，应紧抓文化遗产的"民族性"和"国家性"的核心特征，牢固树立"保护第一"的观念，进一步挖掘文化遗产在建立民族文化认同、推进中华民族伟大复兴方面的精神价值。

最后，制定配套的省级条例和地方法规，每一个国家文化公园均需制定国家文化公园管理条例。鼓励各地结合本地资源情况，探索性地制定适合本地实际的法规、条例等，为国家文化公园建设提供保障。浙江等省份已经出台关于国家文化公园的地方性文件，但多为各自立法，较少涉及跨省协作。

三、建立广泛的社会参与机制

首先，社区居民是文化遗产保护的重要责任主体，应唤醒公众对文化遗产价值的认知，通过形式多样的教育，激发社区居民保护文化遗产的意识，鼓励社区居民广泛参与到文化遗产保护的各项工作中来。在赛柳盖姆斯基国家公园

（Saylyugemsky National Park）的介绍中，人们所欣赏的不仅是大自然的美景，还包括以当地的居民为主体的人文景观。[1]文化遗产的保护与开发均会对区域内居民的生产生活产生一定影响，提供平台让社区居民参与决策可以保障社区居民的合法权利，减少政策落实过程中社区居民的阻力。公众参与可以有效监督控制政府自利倾向，调节不同利益相关者的诉求可能引发的社会矛盾。[2]需要明确每个利益相关者的角色和责任，确保没有一个利益相关者凌驾于其他利益相关者之上。对于相对劣势的当地居民，可以采用吸纳就业等方式保障其权益。在社区内积极开展关于文化遗产的宣传教育活动，鼓励各级各类学校将文化遗产教育列入教学计划，普及文化遗产知识和文化遗产保护理念；通过各种媒体渠道及书刊等对居民进行文化遗产知识的普及教育，培养全民保护文化遗产的意识，打造全民参与的遗产活化模式。

其次，吸纳不同群体共同参与保护，构建良好的多方参与机制。在文化遗产的保护中政府与非政府组织都是重要参与主体，需要构建两者间适合社会体制的关联，在工作内容方面抓好细化基础工作，在资金方面需要形成稳定资金支持，可以通过彩票、税收优惠政策等刺激社会捐赠，或依靠自身经营达到自造血效果。文化遗产管理机构应与科研机构和学者等展开学术合作，还可以借鉴国外的志愿者制度，建立完善的志愿者机制，鼓励志愿者参与文化遗产的经营，实现对文化遗产资源的科学保护及利用。

四、建立资金长效保障机制

首先，统一的资金投入与多元资金筹措并重。我国现有的五个国家文化公园均属于线性文化遗产，需要大规模的资金支持。国外文化遗产保护大部分靠国家财政维持，同时也朝着资金来源多元化方向发展。国家文化公园的资金投入应该以国家专项资金为主体，向经济落后的区域略加倾斜。国家还可以通过

---

[1]　"Saylyugemsky National Park", *Altai Mountains,Russia*. https://www.airpano.com/360photo/altay_saylugem/, 2022-03-02.

[2]　李响：《公众参与文化遗产保护的公益诉讼进路研究》，《中国高校社会科学》2019年第6期。

资助政策对参与捐赠的企业和个人给予税收上的优惠，也可以通过向相关部门征收文化遗产资源税或者收取冠名费等形式获取资金。省级政府也要设置配套的专项资金。充分发挥非政府组织作用，通过债券、基金等形式吸引社会资本加入。实行特许经营，将低等级遗产管理权和经营权向低层政府下放；而高等级遗产管理权和经营权应当向上集中[1]，推动管理权与经营权的分离。西欧还使用"去国家化"改革文化遗产管理体制[2]。接受来自企业、个人等的捐赠也是扩大资金规模的有效途径。

其次，文化遗产经营收益再投入，实现资金内部循环。单纯的保护既需要长期稳定的资金支持，也会损失文化遗产本身蕴含的无限价值，在不影响文化遗产正常传承的情况下，对其进行商业性经营不失为一计良策。文化遗产经营是我国遗产地常见的做法，对于杂技、泥塑等本身可以进入市场的文化遗产，可推进其市场化运作，经营收入应用于文化遗产保护的再投入而不是分红。在文旅融合的契机下，推动文化遗产的创新化创作和文化遗产素材的整合运用，构建旅游产业助推文化遗产保护开发的良性循环。

[1] 王晓梅、朱海霞：《中外文化遗产资源管理体制的比较与启示》，《西安交通大学学报（社会科学版）》，2006年第3期。

[2] Boorsma P B, Van Hemel A, van der Wielen N, "Privatization and Culture: Experiences in the Arts, Heritage and Cultural Industries in Europe", *Springer Science & Business Media*, 1998.

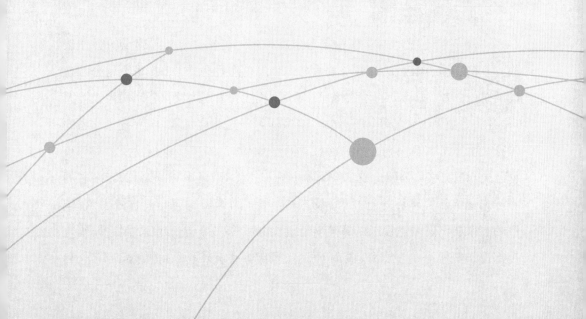

第四章

CHAPTER 4

中国特色的国家文化公园
管理体制

第一节　国家文化公园的管理体制

一、国家文化公园管理体制改革进展

《长城、大运河、长征国家文化公园建设方案》印发后,各地积极践行"中央统筹、省负总责、分级管理、分段负责"的总体建设要求,逐渐形成了以领导小组—办公室为主导的管理机构。

(一)分级管理机构设置

1.中央级管理机构设置

中央层面,形成了"领导小组—办公室—专班"的顶层设计。成立了由中央宣传部部长任组长,中央宣传部、国家发展改革委、文化和旅游部负责同志任副组长的国家文化公园建设工作领导小组,领导小组办公室设在文化和旅游部。文化和旅游部从机构内部及地方抽调人员组成工作专班,作为统筹、协调、推进国家文化公园建设的核心执行部门。借助"领导小组—办公室—专班"的顶层设计,中央层面对国家文化公园建设的统筹协调、总体规划、资金分配等功能初步实现。

2.省级管理机构设置

"领导小组+办公室"构建起各省总揽本地国家文化公园建设的管理架构。国家文化公园建设中,省级国家文化公园管理机构是各省国家文化公园建设的总负责者。长城、大运河、长征、黄河、长江五大国家文化公园均为线性遗产,各省在中央的统筹领导下,结合各省实际,设立相应机构,统筹推进本省的国家文化公园建设。目前,五大国家文化公园所涉及的30个省、自治区、直辖市均已成立国家文化公园建设工作领导小组及办公室。贵州、江苏、江西3个省的省委书记担任了国家文化公园建设工作领导小组组长,其他省、自治区、直辖市的国家文化公园建设工作领导小组组长由副书记/副省长/市长/副市长或宣传部部长担任。其中,青海、湖南、四川、重庆等省市采取了由副省长/副市长和宣传部部长共同担任组长的双组长制。配合国家文化公园建设工作领导小组的工作,各省(区、市)均设立了国家文化公园建设工作领导小组办公室,其中18个省设于文旅厅(委)、7个设于宣传部、4个设于发改委、1个设于文物局。个别省份设置了多个办公室,如山西省设置了黄河和长城双办公室,分别设于发改委和文旅厅。"领导小组+办公室"之外,河北、青海、福建等省另设立了专班,作为临时性专门机构负责推进本省国家文化公园的统筹协调和建设工作(见表4-1)。

表4-1 各省(区、市)领导小组组长情况

组长担任人	地区	备注
省委书记	贵州、江西、江苏	青海、湖南、四川、重庆是双组长,即由副省长/副市长和宣传部部长共同担任。安徽的副省长,同时也是宣传部部长
副书记/副省长/市长/副市长	天津、山西、新疆、青海、湖南、四川、重庆、安徽、上海	
宣传部部长	河北、山东、浙江、河南、北京、湖北、吉林、辽宁、青海、四川、湖南、重庆、安徽、甘肃、宁夏、广东、广西、云南、内蒙古、陕西、福建、黑龙江	

3. 市、县级管理机构设置

国家文化公园"中央—省—市"分级管理体制初步形成。在前述中央和省级国家文化公园管理机构的基础上,国家文化公园所涉及的市大多成立了相应的国家文化公园建设工作领导小组和办公室,作为国家文化公园建设的主要执行机构。市、县一级的国家文化公园管理体制创新更加活跃,出现了实体机构形式的国家文化公园建设工作领导小组办公室,作为政府组成部门或事业单位,对于推进国家文化公园建设起到了积极的示范作用。各省对县一级国家文化公园管理机构的设置多未做要求,而由各地根据具体情况灵活决定。部分重点县非常重视国家文化公园的建设,因此设立了实体机构予以推进,如河北省迁安市。

（二）国家文化公园现有管理体制

各地在国家文化公园建设中，主要形成了四种管理体制。

1.临时性协调机构：办公室

各地参照国家文化公园中央层面的机构设置，设置国家文化公园建设工作领导小组办公室，作为临时性协调机构，负责推进各地国家文化公园的建设。作为临时性协调机构，其中的所有人员均保持原工作岗位不变，但按领导小组的要求协助督促推进各相关部门国家文化公园的相应建设工作。目前全国30个省区市的国家文化公园机构均设有此类性质的办公室。

2.临时性专门机构：专班

在国家文化公园建设工作领导小组办公室的基础之上，从相关处室或地方抽调人员，组成专班，在规定时间内主要负责统筹协调本省的国家文化公园建设的推进和管理工作。目前，河北、青海、福建等省设有专班。如河北省在国家文化公园建设工作领导小组办公室基础上，设有长城专班，从文旅厅内部的资源开发处、产业处、政策法规处，以及省内的博物院、古建所、艺术职业学院和非遗中心抽调人员组成。专班的设立形成了专门的国家文化公园建设推进队伍，其工作效果远优于临时性协调机构，但因为专班组成人员主要由各部门抽调而来，人员流动性较大，同时专班人员还或多或少要承担一些原部门工作任务，且作为临时性机构并无专门经费，因此制约了各地国家文化公园建设的长期、可持续发展。

3.政府组成部门：管理局、处室、办公室等

国家文化公园建设是中华文化重要标识建设的重要内容，也是坚定文化自信、彰显中华文化影响力的重要举措，更是一项系统而持久的文化工程，需要强有力的专门性实体机构推进和管理。各地在国家文化公园建设中，尤其是资源基础良好，政府高度重视，或作为重点建设省份的地区，已经根据工作需要，创新性地组建了实体性管理机构，即包括政府组成部门和事业单位的国家文化公园管理机构。它的出现使原有办公室所承担的临时性协调工作转变为有相应责权的常态化工作，借助专门机构、人员、预算等，使得国家文化公园的建设和管理更加系统、规范和可持续。

省级层面,各省在国家文化公园建设的实体性机构设置方面已有创新和突破。贵州省在宣传部增设了长征国家文化公园指导协调处,有两个编制。同时,贵州省计划在省文物局加挂长征国家文化公园管理局牌子,未来将整合已有的指导协调处,形成以实体机构推动全省国家文化公园建设的新格局。河南省文旅厅在资源开发处加挂国家文化公园指导协调处牌子,有4个编制。江苏省拟在宣传部文化产业处加挂大运河国家文化公园协调指导处的牌子,并增加相应编制。

市级层面,在国家文化公园建设的实体性机构设置方面推进很快。河北省沧州市设立了大运河文化发展带建设办公室(统筹国家文化公园建设),作为有20个固定编制的政府组成部门,全面推进大运河文化保护传承利用和国家文化公园建设工作,成为国内首例市级国家文化公园实体管理机构。贵州省遵义市和铜仁市已参照省级国家文化公园管理机制设置,在市委宣传部下增设了长征国家文化公园指导协调处,同时,也正计划在市文物局加挂长征国家文化管理局牌子,以专门性实体机构推动全市国家文化公园加快建设。

● **典型案例1:**

河北省沧州形成了以"组—办—院—企"为特征的综合性国家文化公园建设推进机构,属于全国首创

"组":成立高规格领导小组,2017年,沧州市成立大运河文化带建设工作领导小组,由市委书记任组长,市长任第一副组长,市人大、市政协主要领导为副组长、沿线各县市区和市直相关部门主要负责同志为成员,统筹大运河文化带建设。"办":2018年12月,《沧州市机构改革方案》获得省委、省政府正式批复,沧州市大运河文化发展带建设办公室(以下简称"大运河办")正式成立,该机构为市政府工作部门,正处级单位,由分管城建的副市长兼任大运河办主任,由分管城建的副秘书长兼任大运河办党组书记,专职统筹协调推进沧州市大运河文化保护传承利用工作。大运河办有机关行政编制20个,下设综合科、规划管理科、

项目推进科和资产运营管理科四个科室,全面推进大运河文化保护传承利用相关工作,这种设置在全国尚属首例。"院":沧州大运河文化带的智力支持,既包含2020年成立的大运河文化带研究院,隶属大运河办,为事业单位,也包括同年组建的大运河规划编制研究中心,主要依托沧州市规划设计研究院的规划人员,通过借调等方式,实现对大运河文化带规划编制的人才和技术支撑。"企":2020年,成立大运河发展集团,属于正处级国企,和大运河办平级,主要负责大运河文化带的建设、运营、绿化等工作。沧州市通过"组—办—院—中心—集团"组织体系,形成了"小组管统筹、办公室抓管理、院和中心做研究、集团搞建设"的完整组织体系,使得沧州大运河国家文化公园的建设有了切实可行的推进和运营组织,实现了各类资源的有效整合(见图4-1)。

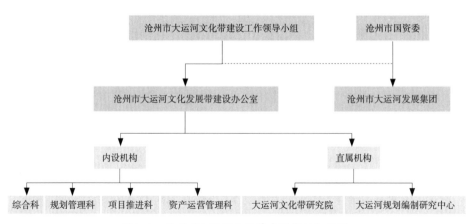

图4-1　沧州市大运河文化带建设组织机构图

4. 事业单位:办公室、管理中心等

在国家文化公园建设中,部分地区也创新性地组建了国家文化公园建设的事业单位,以实体机构形式扎实推进地方国家文化公园建设。以事业单位形式存在的国家文化公园建设管理机构,可以在某种程度上化解国家文化公园管理机构作为政府组成部门而编制增加难的问题,但同时也存在事业单位不具有管理权的新问题,需要各地在设置此类机构时充分权衡。各地在国家文化公园管理体制创新中,市县一级相对活跃,如江苏省淮安市成立了大运河文化带规划建设管理办公室,有44个事业编制,河北省迁安市设立长城国家文化公园管

理中心，有16个事业编制。上述两个机构都是在已有相关机构的基础上改建而成，对于其他地方具有一定的参考价值。

● **典型案例2：**

江苏省淮安市形成了"组—办—企"为特征的大运河国家文化公园建设综合性实体机构，统筹协调，推动大运河文化带和国家文化公园建设

"组"：成立由市委书记任大运河文化带建设工作领导小组组长，宣传部部长任副组长的高规格领导小组，各相关部门以及大运河沿线县（区）主要负责人全面参与的推进机制，更有力地推动大运河文化带和国家文化公园建设工作。

"办"：2020年3月，将大运河文化长廊规划建设管理办公室改名为大运河文化带规划建设管理办公室（以下简称"大运河办"），作为市级管理协调机构，正处级事业单位，现有编制44个，负责统筹协调、推动大运河国家文化公园建设。淮安市大运河办下设综合处、人事教育处、财务资产处、计划协调处、规划建设处、产业发展处、公共设施管理处、传承保护处、场馆管理中心和纪检组等多个部门。

"企"：将原淮州文化集团股份有限公司改为淮安市文化旅游集团股份有限公司，作为市管一级企业，拓宽原有业务范围，作为大运河国家文化公园项目建设的重要载体，积极参与大运河文化带建设，从大运河国家文化公园重点文旅项目入手"开疆拓土"，开辟淮安文旅融合新天地（见图4-2）。

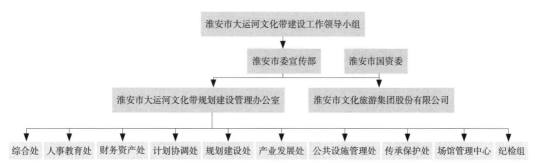

图4-2 淮安市大运河文化带建设组织机构图

● **典型案例3:**

河北迁安市设立长城国家文化公园管理中心, 是国内首个县级国家文化公园建设保护实体管理机构

2021年1月, 迁安市国家地质公园服务中心更名为迁安市长城国家文化公园管理中心(以下简称"管理中心"), 同时加挂迁安市国家地质公园管理中心、迁安市文化旅游发展中心牌子。管理中心为正科级事业单位, 隶属于迁安市文化广电和旅游局, 中心主任由市文化广电和旅游局局长兼任, 经费为财政资金, 人员编制16名。迁安市长城国家文化公园管理中心主要负责迁安市国家文化公园的管理、保护和利用, 下设综合科、规划发展科、业务指导科、市场开发科等科室(见图4-3)。

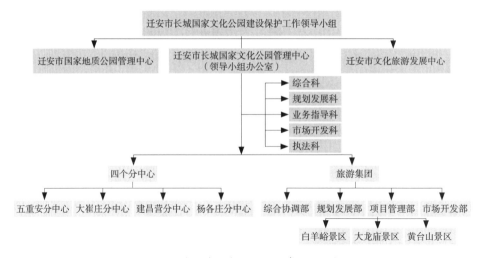

图4-3　迁安市长城国家文化公园建设组织机构图

二、国家文化公园管理体制建设中存在的问题

(一) 缺乏稳定且权责清晰的管理机构

缺乏长期稳定的管理机构。[①]国家文化公园"打造中华文化重要标志"的战略定位和"国家重大文化工程"的任务要求强有力的组织和执行保障。目前

---

① 吴丽云、邹统钎、王欣、阎芷歆、李颖、李艳:《国家文化公园管理体制机制建设成效分析》,《开发研究》2022年第1期。

除贵州、河南等省设立了专门处室外，其他省区市没有建立专门的管理机构，各省的领导小组、办公室、专班，都是临时机构属性。

各地权责不清。①五大国家文化公园均跨越多个省级行政区，由多个片区组成，中央与地方、各地方之间的权责关系存在诸多交叉，且国家文化公园边界难以界定，这直接关系到国家文化公园的建设与管理。②以长城为例，因为长城保护沿线涉及资源环境多样，导致长城文化带空间范围边界很难确定，大量与长城相关的历史遗存被"边缘化"和"孤岛化"，造成管理真空。

（二）人权分离、多头管理模式导致管理效率有待提高

现有五个国家文化公园，分别由中央宣传部、国家发展改革委、文化和旅游部牵头，其他部门配合推进。国家文化公园所涉及的省（区、市）均设有国家文化公园建设工作领导小组以及领导小组办公室，但作为临时性协调机构的办公室所在单位及办公室主任所在单位的不一致，导致管理不畅，效率不高。在中央层面，国家文化公园建设工作领导小组办公室设在文化和旅游部，但办公室主任由中央宣传部领导担任，文化和旅游部有关领导担任办公室副主任，相关具体工作主要由文旅部承担。省级办公室的设置中，有14个省份的办公室主任与办公室所在单位不一致。这种一把手与办公室不属于同一机构的管理制度设计制约了作为临时性协调机构的办公室协调功能的发挥，也使得其责权划分混乱，导致两种现象出现：一是办公室主任出于效率考虑，直接安排自己所在机构的同志完成具体工作，办公室形同虚设；二是办公室主任不插手具体事务，由办公室所在部门在副主任的领导下直接完成工作，主任形同虚设。③

在同一国家文化公园内，因涉及资源类别多样，存在多个资源品牌，分别由国土、文物、林业、文旅、水利、园林等多个部门按照各自的职责分工实施管

---

① 吴殿廷、刘宏红、赵西君、王欣：《国家公园建设的现实困境和突破路径》，《开发研究》2022年第1期。
② 安倬霖、周尚意：《基于地理学尺度转换的国家文化公园文化遗产保护机制》，《开发研究》2022年第1期。
③ 吴丽云、邹统钎、王欣、阎芷歆、李颖、李艳：《国家文化公园管理体制机制建设成效分析》，《开发研究》2022年第1期。

理,具有多头管理的特征。^①管理政策出自不同的行政部门,建设国家文化公园的过程中需要大量跨区域跨部门的调查研究、规划、宣传、立法等整体性的工作,涉及部门多,推进困难。^②目前河南、青海等21个省(区、市)有两个及以上国家文化公园,国家文化公园之间,各部门之间,各省(区、市)之间,客观上存在政出多头、多头管理的现实问题(见表4-2)。

表4-2　各省(区、市)有两个及以上国家文化公园分布情况

地区	国家文化公园
河南	黄河、长城、长征、大运河
北京	长城、大运河
天津	长城、大运河
河北	长城、大运河
甘肃	黄河、长城、长征
陕西	黄河、长城、长征
山西	黄河、长城
青海	黄河、长城、长征、长江
山东	黄河、长城、大运河
宁夏	黄河、长城、长征
四川	黄河、长征、长江
江苏	大运河、长江
浙江	大运河、长江
安徽	大运河、长江
江西	长征、长江
湖北	长征、长江
湖南	长征、长江
重庆	长征、长江
贵州	长征、长江
内蒙古	长城、黄河
云南	长征、长江

① 邹统钎、韩全、李颖:《国家文化公园:理论溯源、现实问题与制度探索》,《东南文化》2022年第1期。
② 白翠玲、武笑玺、牟丽君、李开霁:《长城国家文化公园(河北段)管理体制研究》,《河北地质大学学报》2021年第2期。

（三）协调机制不健全

省域间协调机制不健全。目前五大国家文化公园均有跨度大、差异显著、权属复杂的特点，涉及地域广阔、行政区域众多。五大国家文化公园分别涉及8~15个省级地区，文化遗址数量大、分布广，土地产权复杂，区域发展不均衡，利益相关者多，其保护管理涉及众多地区和部门，在国内外均尚无类似形态和规模的成功案例经验可循。各地的文化资源保护基础存在差异，对国家文化公园建设与管理存在不同认识，且缺乏有效对接和协调沟通的平台。[1]在长城保护和开发中，已经出现省际（河北与北京）矛盾，目前缺乏很好的解决机制。

规划整合度较低。由于缺乏专门机构和队伍，大量跨区域跨部门的整体性工作包括调查研究、规划、宣传、立法等，推进比较困难。全国性规划缺乏对各省（区、市）国家文化公园特色的定位，省级规划多局限于本省（区、市），各省（区、市）之间的规划缺乏有效的整合，处于各自为战状态。

（四）公众参与程度低

国家文化公园建设管理工作主要由相关职能部门、专业科研单位进行，在鼓励社区管理、公众参与方面做得还不够。[2]公众参与是国际社会普遍认可与执行的文化遗产保护原则，体现在《保护非物质文化遗产公约》中。[3]我国已经出台了有关公众参与的文化保护制度，公众参与的情况有所好转，但参与的层次、深度不够。受专门性管理机构缺失、资金不足等影响，国家文化公园的宣传不够，多数公众对国家文化公园并不知晓，甚至国家文化公园范围内的景区工作人员及周边居民对国家文化公园也并无了解，国家文化公园建设、管理者在推动社区和全社会参与方面任重道远。

---

[1] 王浩、李树信、张海芹：《长征国家文化公园文旅协同发展路径研究》，《河北旅游职业学院学报》2022年第1期。

[2] 白翠玲、武笑玺、牟丽君、李开霁：《长城国家文化公园（河北段）管理体制研究》，《河北地质大学学报》2021年第2期。

[3] 汪愉栋：《国家文化公园协同保护路径构建——以非物质文化遗产保护为视角》，《河北科技大学学报（社会科学版）》2022年第1期。

（五）缺乏专业的人才和管理队伍

缺乏专业人才。国家文化公园建设中存在文旅人才数量短缺、结构失衡、素质不足等问题。[①] 国家文化公园涉及地区经济发展水平不均衡，区域发展不协调，部分地区存在留不住人才等问题。如长征国家文化公园沿线多为经济实力较弱的县区，工作条件较为艰苦，客观上存在人才引进留不住、本地人才外流的情况，加之普遍缺乏较高水平的规划和人才管理办法，造成规划不当、资源配置不合理、人才管理不善等现象。[②]

缺乏稳定的专业管理队伍。[③] 目前中央和各地方负责国家文化公园管理工作的组织机构，普遍存在人员少、流动性大的情况：临时抽调组织队伍，人员不稳定，对新业务不熟悉，工作难以持续。调研发现，文化和旅游部国家文化公园专班，三分之一为地方借调的同志。专班需承担项目和各省及地区协调、规划、政策研究、地方调研指导，以及部内部分其他工作，力量捉襟见肘。山西省的长城国家文化公园领导小组办公室设在省文旅厅资源处，实际能够到岗的只有4个人，同时还要承担原处室职能任务。对比美国的情况，2019年美国国家公园管理局有固定、临时与季节雇员近2万人，志愿者27.9万人，稳定的专业化队伍保证了美国国家公园高质量的运营。

三、建设中国特色的国家文化公园管理体制机制

（一）建立统一、稳定的组织机构

充分考虑中央、省、市国家文化公园建设工作推进的实际情况，尽快完善形成与国家文化公园建设目标相适应的，中央、省、市三级统一、稳定的组织机构和管理队伍。

1. 中央层面。建议保留国家文化公园建设工作领导小组直到建设工作完

---

① 李国庆、鲁超、郭艳：《河北省长城国家文化公园建设与区域旅游融合创新发展研究》，《唐山师范学院学报》2021年第3期。

② 潘娜、马升红：《云南长征文化公园创建：背景·问题·对策》，《创造》2021年第9期。

③ 白翠玲、武笑玺、牟丽君、李开霁：《长城国家文化公园（河北段）管理体制研究》，《河北地质大学学报》2021年第2期。

成，其主要承担对外沟通交流及内部引导协调的角色，协调监督国家文化公园集聚区管理机构和运营机构，统一负责并制定国家文化公园的管理制度和履行审批监督等综合管理工作。[①]在原有相关部委成员的基础上，增加国家文化公园相关省份工作人员作为成员，领导小组负责统筹协调国家文化公园发展的战略性问题，以及国家文化公园建设和运营中的跨部门、跨省域的重要事务。建议设置国家文化公园管理局，成为有专门编制和相应权责的专门机构，作为国家文化公园规划引领、立法起草、专项资金投入、项目建设、新国家文化公园审定、日常管理等的综合性统筹部门，更好地指导国家文化公园建设，特别是在国家文化公园全部建设完成之后承担国家文化公园的管理工作。

2. 省级层面。在省级国家文化公园工作领导小组基础上，各省可参照并对应中央机构的模式同步建立省级国家文化公园管理机构，形成与中央机构相一致的管理机构。省级国家文化公园管理机构作为统筹全省（自治区、直辖市）一个或多个国家文化公园的唯一管理机构而存在。基于统一体系和长远考虑，建议各省级地区国家文化公园建设工作领导小组办公室均设于文化和旅游部门。拟新设的国家文化公园管理局亦统一设于本地文化和旅游部门。省级国家文化公园管理机构应参照中央模式，有专门编制和固定的公务员队伍，主要负责地方立法、省内规划、省以下地方协调、土地统筹、资金投入、项目建设指导、资源保护和利用等。

3. 地市级层面。构建更加灵活的以政府部门或事业单位为存在形态的管理机构。各市可参照省级国家文化公园管理机构设置，设立相应的实体办公室或国家文化公园管理局。可根据各市的具体情况，设立本市国家文化公园管理机构，可考虑三种形式：政府组成部门、事业单位以及"小机关大事业"的行政单位和事业单位相结合的多个部门。主要负责执行日常保护、建设、管理、运营工作。

4. 县级层面。不要求专设国家文化公园管理机构。由上级市或各县根据

---

① 邹统钎、郭晓霞：《中国国家公园体制建设的探究》，《遗产与保护研究》2016年第3期。

县境内国家文化公园的资源情况灵活设立，不做专设要求。重点县可参照上级市国家文化公园管理机构的设置形式。

（二）完善统一的管理体制

整合国家文化公园内现有的国家考古遗址公园、国家级风景名胜区、国家历史文化名村、中国历史文化名镇名村、全国重点文物保护单位、全国爱国主义教育示范基地、国家级烈士纪念设施保护单位、全国红色旅游精品线路经典景区等多个分类以及相应机构，统一到国家文化公园的管理中。国家文化公园的四个分区中，管控保护区应形成明确的空间边界。考虑管控保护区与国家及地方文物保护空间相重叠，涉及的具体文物保护机构可考虑与国家文化公园管理机构整合。应借助大数据和互联网，实现上述相关单位与国家文化公园管理机构的信息实时共享。

（三）建立有效的协调机制

1. 发挥领导小组部际协调职能。坚持并强化领导小组工作，发挥好跨部门沟通协调作用。将国家文化公园所在的30个省（区、市）纳入领导小组成员，便于解决跨省域的建设问题；进一步固化部际联席会议机制；整合研究、咨询、执法、宣传、投资力量，构建协同管理格局。合理划分部门间责权，构建主体明确、责任清晰、相互配合的国家文化公园部门协同管理机制。

2. 强化跨区域协调机制。重要的大型线性公园设置全国性"专门委员会"[1]，负责跨区域的调研、规划、协调、宣传、检查等工作。要进一步明确和细化各地工作任务的要求，包括内容、重点、标准、期限等。支持国家文化公园项目的重要关联省份建立省际协调组织并开展工作。如建议完善"长江国家文化公园建设联席会议制度"[2]，形成区域合作机制，促进区域间的文化信息交流融合与优势互补。线性国家文化公园的建设需要充分调动中央和地方的积极性，在中央的统一领导下，因地制宜，灵活变通。建议参照我国河道管理中的河

[1] 邹统钎、韩全、李颖：《国家文化公园：理论溯源、现实问题与制度探索》，《东南文化》2022年第1期。
[2] 梅长青、尹峻、赵兴、吴珊珊：《基于产品差异化视角的长江国家文化公园建设研究》，《文化软实力研究》2022年第1期。

长制而采取"段长制"①，即在国家层面设立领导协调机构的基础上，各文化公园涉及的省、市、县中，各省（自治区、直辖市）设立"总段长"，由相应的党委或政府主要负责同志担任；各省（自治区、直辖市）行政区域内重要区段设立"段长"，由省级负责同志担任；各区段所在市、县、乡均分级分段设立"段长"，由同级负责同志担任。县级及以上设置相应的"段长制"办公室，具体组成由各地根据当地实际情况确定。

3. 加强工作督促和落实。特别注意加强工作的引导、监督、检查，统一部署工作任务，指导工作进展，协调解决工作困难。及时总结和推广探索创新经验，协调推进各项工作。对各地区工作推进和落实情况进行跟踪分析和督促检查，及时解决实施中遇到的问题，重大问题要及时向领导小组和党中央、国务院请示报告。

（四）形成"组—办/局—院—企"的推进机制

积极响应《长城、大运河、长征国家文化公园建设方案》关于突出活化传承和合理利用的建设原则，各级管理部门尤其是市级管理部门，建议参照"组—办/局—院—企"的模式，②推进本地国家文化公园建设。形成由国家文化公园建设工作领导小组为统领，实体办公室或国家文化公园管理局为具体管理机构，国家文化公园研究院为智库支持，文化和旅游企业为建设的主要实施部门的"组—办/局—院—企"推进机制，形成国家文化公园保护与利用兼容的建设局面，充分发挥国家文化公园文旅融合区、传统利用区的发展带动功能，带动国家文化公园周边区域的经济、社会发展。

（五）规范经营，创新经营机制

科学划定政府与市场的权责，建议建立"政府主导、经管分离、特许经营、多方参与"的经营机制，③在保证国家文化公园的公益性前提下，通过特许经营方式，充分调动社会各界参与国家文化公园保护、管理、建设的积极性。通

---

① 吴殿廷、刘宏红、王彬：《国家文化公园建设中的现实误区及改进途径》，《开发研究》2021年第3期。
② 吴丽云、邹统钎、王欣等：《国家文化公园管理体制机制建设成效分析》，《开发研究》2022年第1期。
③ 邹统钎、郭晓霞：《中国国家公园体制建设的探究》，《遗产与保护研究》2016年第3期。

过特许经营，实施政企分离，有效避免政府三权合一，偏离管理目标，损害社会利益。还可以按照统筹能力和保护价值两个要素对国家文化公园的沿线进行分类，不同的类型可以采用事业型、社区参与和特许经营等不同的运营机制，[①]多种方式提升国家文化公园发展效益。

（六）成立专门智库，强化学术研究

在国家文化公园建设工作领导小组办公室统一安排与筹划下，集中高校与科研机构力量，整合研究人员，组建专门智库或研究中心，尽快建立一套从中央到省、地市完整的官方和民间研究机构有机互补的理论研究体系。[②]成立专家咨询委员会，为建设工作提供决策参谋和政策咨询。加强对国家文化公园理论和实践的研究，在对其现状和问题进行充分调查研究的基础上，提出切实可行的路径和策略。高校和科研机构要形成合力，从国家文化公园建设的各方面提供有价值的建议。

第二节　国家文化公园法律法规制度建设

一、国家文化公园的法律法规建设现状

（一）国家文化公园立法必要性

党的十八大以来，为了推动国家治理体系和治理能力现代化，适应新时代中国发展需要，中共中央全面推进法治建设，提出了重大改革于法有据的基本要求。国家文化公园建设工作的开展需要法律加以规制，但是我国目前尚无专门性的法律规范。

《长城、大运河、长征国家文化公园建设方案》中特别强调 "要修订制定法律法规，推动保护传承利用协调推进理念入法入规；要按照多规合一要求，

---

① 白翠玲、武笑玺、牟丽君、李开霁：《长城国家文化公园（河北段）管理体制研究》，《河北地质大学学报》2021年第2期。

② 张祝平：《黄河国家文化公园建设：时代价值、基本原则与实现路径》，《南京社会科学》2022年第3期。

结合国土空间规划,分别编制长城、大运河、长征国家文化公园建设保护规划",从政府层面已经明确国家文化公园立法需求。

国家文化公园立法是规范国家文化公园建设和管理的根本需要。[①]尽管在国家文化公园建设中各地通过制定地方性法律法规和修订已有法律法规的方式,不断完善国家文化公园建设的法律保障体系,但还没有统一、系统、分层的国家文化公园立法,没有建立完善的法律体系,这种状况难以适应国家文化公园建设工作深入开展的形势。

(二)国家层面的相关法律法规

我国现有国家文化公园相关的法律规范主要由中央的政策性文件、各省市的地方条例以及国家文化公园总体规划组成。当前国家文化公园管理多依靠《中华人民共和国文物保护法》《长城保护条例》《大运河遗产保护管理办法》《中华人民共和国长江保护法》《中华人民共和国黄河保护法》等(见表4-3),缺乏国家文化公园法这种专门性的上位法律,使得国家文化公园的建设在土地、资金、人员编制等方面缺乏法律支持。

表4-3 国家层面出台的国家文化公园相关法律法规

发布时间	法律法规	主要内容
1982年11月19日	《中华人民共和国文物保护法》	界定文物认定标准、文物保护原则、文物管理、相关法律责任
2006年9月20日	《长城保护条例》	界定长城保护范围,确定"整体保护、分段管理"的原则,明确保护机构、总体规划制度、防范措施等核心内容
2012年8月14日	《大运河遗产保护管理办法》	主要包括大运河范围界定、保护原则、保护机构、保护制度等内容
2020年12月26日	《中华人民共和国长江保护法》	对长江的规划管控、资源保护、水污染防治、生态环境修复、绿色发展、保障与监督、法律责任等做了详细阐释
2022年10月30日	《中华人民共和国黄河保护法》	为了加强黄河流域生态环境保护,对黄河规划与管控、生态保护与修复、水资源节约集约利用、水沙调控与防洪安全、污染防治、促进高质量发展、黄河文化保护传承弘扬、保障与监督、法律责任等做了详细阐释

[①] 闫颜、唐芳林:《我国国家公园立法存在的问题与管理思路》,《北京林业大学学报(社会科学版)》2019年第3期。

（三）各地出台的法规

各地通过制定地方性法规和修订已有法规等方式，不断完善国家文化公园建设的法律保障体系。江苏、浙江、山西、河北、广东、贵州、甘肃、宁夏等省份相继出台了与国家文化公园有关的法规文件（见表4-4），对国家文化公园的保护、利用以法律形式予以保障。

表4-4　省市级层面出台的国家文化公园相关法规

发布省份	发布时间	政策文件
甘肃省	2019年5月31日	《甘肃省长城保护条例》
江苏省	2020年3月3日	《淮安市大运河文化遗产保护条例》
浙江省	2020年9月24日	《浙江省大运河世界文化遗产保护条例》
山西省	2020年12月24日	《忻州市长城保护条例》
山西省	2021年2月9日	《山西省长城保护办法》
河北省	2021年3月31日	《河北省长城保护条例》
贵州省	2021年5月27日	《贵州省长征国家文化公园条例》
宁夏回族自治区	2021年11月30日	《宁夏回族自治区长城保护条例》
广东省	2022年1月16日	《广东省革命遗址保护条例》
宁夏回族自治区	2022年1月23日	《宁夏回族自治区建设黄河流域生态保护和高质量发展先行区促进条例》
河北省	2022年3月30日	《河北省大运河文化遗产保护利用条例》
山西省	2022年6月30日	《大同市长城保护条例》
甘肃省	2022年12月29日	《陇南市哈达铺红军长征旧址保护条例》

二、国家文化公园法律法规建设中存在的问题

（一）法律法规不健全

国家文化公园相关法律体系中尚未有一部综合的法律，国家文化公园的范围、管理机构等并无清晰界定，四类主体功能区内的允许、禁止行为要求并不明确。法律制度的不健全，导致快速推进的国家文化公园建设缺乏明确的法律指引，各地在建设中都是摸着石头过河，多以建项目的方式推进建设，缺乏统一、清晰的定位和建设路径。

国家文化公园保护与利用相关的法律法规缺失。国家文化公园作为线性遗产，空间跨度大，各地的资源特征、发展基础、经济条件等均不相同，迫切需要针对性的法律法规予以明确和规范引导。五大国家文化公园的规划已在进行中，但规划多关注宏观建设。

（二）各地立法冲突

以浙江、贵州为代表的省份陆续开启国家文化公园的立法工作，出台了地方性法规等法律文件。除了"跨省合作水域联巡"机制，跨省协同机制处于法律空白或滞后状态，明显属于"各自立法"的情况。[①]各国家文化公园均会涉及跨省段的文化带保护，地方各自立法各自管理，后期则可能与上位法律、行政法规等发生冲突，从而加大立法与管理的难度。

三、构建高层级、多层次的法律法规体系

（一）制定统一的国家文化公园法

建议出台国家文化公园法，实现立法的整体性，形成国家文化公园建设、保护、利用的系统性法律保障体系。要在充分的前期调研工作的基础上，以立法的形式将国家文化公园的管理体制、权责体系、机构设置等明确下来，将国家文化公园的保护、展示、利用等工作纳入法治轨道，改变因多头管理、空间交叉重叠带来的保护和管理体系碎片化等问题。[②]各国家文化公园省际相互重叠，既不利于统一政策的贯彻落实，也不利于国家文化公园的保护与利用。应注重顶层设计，在国家层面制定统一的国家文化公园法，实现统筹管理。

（二）实行"一园一法"制度

美国国家公园的保护和管理都是在较为完善的法律制度体系下完成的，其实行"一区一法制度"，即每一个国家公园都有单独的法律规范来管理。[③]建议出台五大国家文化公园的管理条例，明确不同国家文化公园的边界、管理

---

① 汪愉栋：《国家文化公园协同保护路径构建——以非物质文化遗产保护为视角》，《河北科技大学学报（社会科学版）》2022年第1期。

② 朱民阳：《借鉴国际经验 建好大运河国家文化公园》，《群众》2019年第24期。

③ 陈浩浩、王育才：《试论国家公园建设过程中存在问题及其法律建议》，《法制博览》2019年第20期。

部门的权责、不同功能区的管控重点、禁止或鼓励行为等内容,为国家文化公园的科学和可持续建设及运营提供有效的法律保障。

(三)结合实际,因地制宜

国家文化公园所在省份经济发展程度不同,社会文化有差异,应鼓励各地结合本地资源情况,探索性地制定适合本地实际的法律、法规等,为各地国家文化公园建设提供保障。省级立法与市级立法相区别,形成完整、有侧重的国家文化公园法律体系。从省级层面来看,在地方性法规和政府规章中专章或专节规定国家文化公园建设内容;从设区的市层面来看,在地方立法规划计划中可以适当安排国家文化公园专门立法项目,为全国性统一立法提供地方经验。[①]

第三节　国家文化公园的空间管理

一、空间管理现状

《长城、大运河、长征国家文化公园建设方案》提出国家文化公园要建设管控保护、主题展示、文旅融合、传统利用等四类主体功能区。

管控保护区,由文物保护单位保护范围、世界文化遗产区及新发现发掘文物遗存临时保护区组成,对文物本体及环境实施严格保护和管控,对濒危文物实施封闭管理,建设保护第一、传承优先的样板区。《长城国家文化公园建设保护规划》中明确长城文物保护单位保护范围按照国家《长城保护总体规划》和各省(区、市)政府公布的长城保护规划规定的保护范围和建设控制地带执行;长城文物保护单位属世界文化遗产范围的长城点段,其保护范围、建设控制地带划定应与世界文化遗产的遗产区、缓冲区相衔接;新发现发掘文物遗存临时保护区的保护范围和建设控制区根据各地长城保护相关规定确定。

---

① 钱宁峰、徐奕斐:《积极推动江苏国家文化公园立法》,《唯实》2022年第4期。

主题展示区，包括核心展示园、集中展示带、特色展示点三种形态。核心展示园由开放参观游览、地理位置和交通条件相对便利的国家级文物和文化资源及周边区域组成，是参观游览和文化体验的主体区。集中展示带以核心展示园为基点，以相应的省、市、县级文物资源为分支，汇集形成文化载体密集地带，整体保护利用和系统开发提升。特色展示点布局分散但具有特殊文化意义和体验价值，可满足分众化参观游览体验。

文旅融合区，由主题展示区及其周边就近就便和可看可览的历史文化、自然生态、现代文旅优质资源组成，重点利用文物和文化资源外溢辐射效应，建设文化旅游深度融合发展示范区。《长征国家文化公园建设保护规划》提出原则上以县（市、区）为基本单元划定，为文化和旅游融合发展、设施优化提升提供空间保障，形成长征国家文化公园的价值延展示范空间。同时提出若干县（市、区）作为长征国家文化公园首批"文旅融合示范区"创建单位，各省（区、市）可结合实际，分批优选符合条件的县（市、区）推进文旅融合区建设。

传统利用区，是城乡居民和企事业单位、社团组织的传统生活生产区域，应合理保存传统文化生态，适度发展文化旅游、特色生态产业，适当控制生产经营活动，逐步疏导不符合建设规划要求的设施、项目等。

二、各地执行分区管理中存在的问题

（一）国家文化公园及分区空间没有清晰边界

国家文化公园建设中的四类主体功能区没有清晰边界，制约了后续管理和利用。五大国家文化公园涉及多个省市，包含多个遗产群，国家文化公园建设中边界与功能区划尚无技术标准，这样的大型线性遗产的边界如何确定是尚需探讨的问题。[①]在一些区域内文化资源类型多样、空间分散，从而导致资源保护和利用水平不一。例如，列入世界文化遗产、全国文物保护单位的文物由文物部门重点负责管理，但级别较低或未列为任何级别的文物保护单位常常

---

① 何思源、苏杨、闵庆文：《中国国家公园的边界、分区和土地利用管理——来自自然保护区和风景名胜区的启示》，《生态学报》2019年第4期。

处于缺乏管理的状态,甚至被破坏性开发。

（二）管理机构缺位,分区管理落实不够

国家文化公园现有管理机构多为临时性机构,在分区管理中缺乏专业管理人才,不能对不同分区在管理目标、战略定位、发展思路、管理方式、责任分配等方面实现差别化管理。[①]在具体实践中,由于缺乏固定的管理机构和明晰的分区界限,不少省份的国家文化公园的建设多流于口号,缺乏实质性的推动。明确具体的分区管理部门能够使区域内国家文化公园建设涉及部门和机构相互融通、相互补充,同时减少冲突、提升效率。

三、优化分区管理

（一）坚持真实性和完整性

国家文化公园的建设要依托已有文化遗产,要从维护和保持遗产价值的"真实性和完整性"方面去思考四大功能区的划分。[②]可考虑参考联合国教科文组织《世界遗产保护规划编制指南》《实施〈世界遗产公约〉操作指南》中关于世界遗产保护区、缓冲区的标准来划分四大分区。指南中指出世界遗产保护区拥有明确的保护边界,边界是对申报遗产进行有效保护的核心要求,划定的边界范围内应包含所有能够体现遗产突出普遍性价值的元素,保证其完整性与（或）真实性不受破坏。缓冲区是为了有效保护申报遗产而划定设立的遗产周围的区域,为遗产增加了保护层。缓冲区包括申报遗产直接所在的区域、重要景观,以及其他在功能上对遗产及其保护至关重要的区域或特征。因此在国家文化公园的功能分区设立时可参考世界文化遗产核心保护区、缓冲区的相关边界,在此基础上研究四大区域的边界设立。

（二）明确边界

对于管控保护区和主题展示区,建议各地根据核心遗产点的分布情况,划定明晰的空间边界,以更好地推动国家文化公园的建设,以及公园内遗产资源

---

① 廖华、宁泽群:《国家公园分区管控的实践总结与制度进阶》,《中国环境管理》2021年第4期。

② 王晓:《杭州市大运河国家文化公园建设研究》,《中国名城》2020年第11期。

的保护和合理利用。对于文旅融合区和传统利用区,宜以开放思维和开放边界的形式促进其发展,无须界定明确的空间范围,以最大限度地带动地方文化和旅游产业以及关联产业的发展为目标,充分发挥国家文化公园对地方经济发展的带动作用。

第五章

国家文化公园多元化资金保障机制

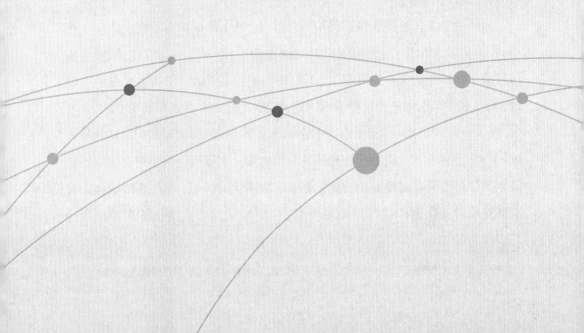

第一节　遗产管理资金保障的理念发展与实践创新

一、遗产管理资金保障的理念发展

（一）遗产管理资金保障的理念

1. 遗产管理

　　文化是一个国家的历史积淀，是一个民族的智慧凝集，是一个社会的发展助力。国家文化公园是一种整体保护与管理大型文化遗产的新型遗产管理模式，是我国推进实施的重大文化工程，为文化遗产的管理提供了新思想、新方式。文化遗产是在1972年联合国教科文组织《保护世界文化和自然遗产公约》中首次正式提出，其中包括对文物、建筑群和遗址这些物质遗产的保护与管理，随着理念的发展与完善，后来又将文化景观与口述及非物质遗产引入其中，共同作为文化遗产。文化遗产管理是文化遗产所在地的主权国家依据国家和地方法律法规以及其他相关要求，专门设立相关的遗产保护管理机构，以便对文化遗产的保护、传承和利用等相关事宜进行管控，使文化遗产健康持续发展的有效管理手段[①]。

　　国外关于文化遗产管理的研究发生了从"以文物保护为主到文物活化利用，再到文化价值引导发展"的思维转变（如图5-1所示）。可以发现，研究重点逐渐向文化遗产的自身价值倾斜，不再只是进行单方面的文物遗产保护和管理，而是赋予了文化遗产自我管理的能力，使文化遗产在某层面中"活"了过来，让文化遗产以其原真性和完整性的样貌，为当代社会展示前人的精神与智慧。同时，国内对于文化遗产管理的研究也逐步从实体遗址保护向文化遗产价值意义与利用等方面转变，更加注重对精神文化的输出，旨在鼓舞更多人自主自发地对文化遗产进行保护和传承。保护模式及方式也从原来简单普适

[①]　孙华：《文化遗产概论（下）——文化遗产的保护与管理》，《自然与文化遗产研究》2021年第1期。

的抢救型资源修护过渡到当代多元具体的预防型综合维护。

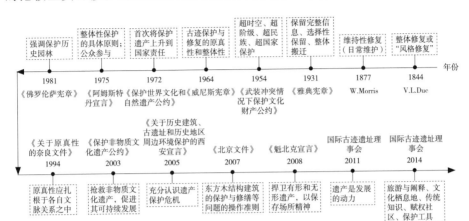

图 5-1　国际文件重大文化遗产管理理念演变

图表来源：邹统钎：《国家文化公园管理总论》，中国旅游出版社2021年版，第7页。

由于时间的推移和社会的变迁，文化遗产通常处于分时分段（不同时间、不同区段拥有不同的文化意蕴）的状态，传统单一的保护手段无法保护和管理重大文化遗产。国外在发展实践过程中，逐渐形成了国家公园、文化线路和遗产廊道等重大文化遗产管理模式。国内设立的国家文化公园无疑是保护管理重大文化遗产的一种有效手段，它使得多段多片区的文化遗产有序地联结起来，是一种集多重功能与资源于一身的跨区域性遗产管理保护措施。它有重点有主题地整合了分散的物质及非物质文化遗产，并实施公园化的管理运营模式，形成具有特定开放空间的公共文化载体，集中打造出中华民族文化的重要标志。

2.遗产管理资金保障

任何事物的保护与管理都离不开资金的支撑与保障。资金保障通常与社会保障挂钩，一般是对生活或生存有较大困难的人或事物的一种基础保障，能够维持人或事物的基础生存需求。而文化遗产就如同濒危事物一般，在生存条件上具有较大的困难，需要国家和社会的扶持，若不为其创造基础生存条件，它将在历史的洪流中逐渐消失暗淡，被世人所遗忘，这将会成为人类重大的遗憾。

因此，遗产管理资金保障是国家文化公园建设管理中不可忽视的一环，它维持着遗产地各项物质与非物质文化遗产的保护与利用。外加文化遗产多数都是采取非营利性的公益化模式进行保护、传承和利用，所以对于遗产管理来说，资金保障尤为重要，它关系着遗产地是否能够持久地发展下去。当然，国家也对遗产管理资金保障给予了高度重视，2021年财政部与文化和旅游部印发了《国家非物质文化遗产保护资金管理办法》，专门对保护资金的支出范围、项目资金分配与管理、补助资金分配与管理和绩效管理与监督等方面做出了明确的要求与安排。可见资金保障对文化遗产管理的重要性与必要性，国家文化公园在建设中要时刻确保遗产管理资金来源渠道的多元化和畅通性。

（二）遗产管理资金保障的来源

在遗产保护管理问题上，保障资金的来源及渠道都是必须直面的关键要素。鉴于遗产的特殊性质及其教育意义，文化遗产事业多数是以非营利性的方式开展，希望在保护物质与非物质遗产的过程中，让世人了解和认识文化遗产，以便传承和弘扬文化遗产。也正因为其公益性质，在遗产管理体系中，资金保障的来源主要是由中央政府牵头，相关地方政府积极响应，共同带动社会组织和群体等各方人士加入其中，助力全社会遗产管理与保护利用。因此，遗产管理资金保障的来源渠道大致可分为国家和政府部门的公共资金投入与其他组织或个人的非公共资金投入两大部分。

1.国家和政府部门的公共资金投入

（1）国家出资

文化遗产具有公共产品属性，它是属于人民大众的，不能被私人拥有或用于营利活动。正是这一特性，注定了文化遗产的管理与保护离不开国家的领导和支持，也预示了遗产资源所在之地私人经济欠缺、市场机制无效。因此，文化遗产管理的资金保障来源仍然以国家为主体，对文化遗产的保护与利用进行公共资金投入。世界上很多国家的文化、自然和遗产等大范围需要保护的地区，基本依赖于国家财政拨款。像日本、英国、德国、瑞典、挪威和新西兰等经济水平和社会福利都较高的国家，对于国家公园的管理始终坚持执行无门票和轻开发的政策，不以营利为目的，国家公园的日常运营管理所消耗的资金基本来自国家公共资金。[①]部分国家（美国、加拿大、澳大利亚和欧盟部分成员国等）的国家公园虽然不是完全公益性的，会收取些许门票费和允许市场经营的特许费，但是这一部分的收入并不会用于国家公园的经营管理，而是以补偿国家公园原住居的方式转移至更有需要的人手中，而国家公园管理与保护的费用主要还是由主权国家负责，由国家出资保障国家公园的正常运营。

美国是国家公园的诞生地，发展至今已具备相当成熟的遗产管理机制，在资金保障方面政府更是给予了重大支持。根据美国国家公园管理局所发布的预算报告，美国目前公园单位共计419个，2020年度的预算为41.15亿美元，2021年度的预算为35.41亿美元，主要由国家财政拨款。在发达国家中管理建设国家公园普遍被视为一项社会公益事业，管理人员通常都是国家公务人员，运营管理所需的资金多数都由政府拨付，部分保护经费由特许经营收入以及各类社会及个人的融资和赞助构成。[②]在德国，根据相关专家统计，整个国家估计有100多万个纪念性建筑单体、建筑群和历史中心区。保护和管理这些遗产无疑是联邦政府的重要义务，它承担着筹资管理等多项工作，保护建筑遗产的历史和未来价值，这也始终是联邦政府文化政策的焦点。德国政府仅在1991年至2002年，11年的时间里就投入了19亿欧元的直接资金，并且在2003年继续追加了1.25亿欧元的专项资金，用于保护和管理一系列的国家历史遗产。

（2）地方与当地政府出资

光靠国家政府出资是远远不够的，遗产管理少不了地方政府的保驾护航。教育与文化事业部长大会的调查结果显示，尽管德国政府已出资十几亿欧元的直接资金用于文化遗产的保护和管理，地方政府仍然需要提供一笔相当可观的资金通过直接支持或是提供相应计划来保护和管理文化遗产。如德国西北

[①] 王正早、贾悦雯、刘峥延、毛显强、宋词：《国家公园资金模式的国际经验及其对中国的启示》，《生态经济》2019年第9期。

[②] 邹统钎：《国家文化公园管理总论》，中国旅游出版社2021年版，第80—81页。

部的北莱茵-威斯特伐利亚州,在2003年的时候,积极响应保护文化遗产的国家号召,出资1580万欧元助力文化遗产保护计划的顺利实施。在日本也有相关规定要求,对传统建筑群实施保护管理的相应地区,将由国家和地方政府各自承担一半的补助费用,保障遗产地无后顾之忧,可以持续长久地生存下去;《古都保存法》中所明确要求需要重点保护和管理的地区,由国家和当地地方政府分别承担80%和20%的保障资金;而城市景观条例中所明确要求保存的地区一般由地方政府自行承担。

(3)税收减免

除了由国家政府或地方政府直接出资资助文化遗产保护和管理外,国家的相关法律也会为相应的遗产管理保护事业提供税收减免优惠。如德国联邦政府在直接出资保障文化遗产管理的基础上,还根据所得税法的相关条例,对建筑保护项的开支进行税收减免。联邦政府2001年7月25日的第18次资助报告指出,依据2001年所得税法相关条款,在建筑保护开支项的免税额共计8500万欧元(其中3600万欧元是原属于联邦政府的税收)。同时,德国联邦政府在法律层面认可对建筑与考古遗产实施保护与修复的社会捐赠,并依法实行相应的税收减免措施。其中,根据可免税捐赠的数量(所有收入的10%)和主要捐赠规则,它们与其他捐赠品相比享有优先权。自1999年12月31日高额捐赠基金会成立以来,依据2000年6月14日通过的基金会税收减免管理法,每年能够减免7.6亿欧元的国家税收。美国政府部门在《国家历史遗产保护法》的指导下,针对与历史遗产相关的城市规划、住房、税收、交通、环境保护等领域,制定了相应的历史文化遗产保护的法律条文,并通过财产税减免、地役权转让、开发权转移、税收抵扣等优惠条款,调动社会力量、解决文化遗产保护经费等问题。2014年5月,意大利政府规定所有参与文物修复的企业都可以获得税费津贴,允许在捐助后三年内以退税形式将捐助金额的65%返还给企业。可见,通过利用税收减免这一方法,不仅拓宽了相关遗产保护管理事业方面的资金来源,巩固和完善了投资机制,还进一步刺激了中小型企业的发展与壮大。

2. 其他组织或个人的非公共资金投入

遗产的保护和管理是一项需要大量资金投入的项目,在对遗产本体进行保护和管理的同时,还要注重对周边生态环境的保护以及基础设施设备的改善和修建。其中,还会涉及遗产地居民的集体迁移、土地征收以及相关产业的结构调整等各方面的问题,每一方面都需要大量的资金进行保障。这些重大项目的运营除了依靠国家和地方政府的大力支持外,自然也少不了民众的力量。遗产管理应该是全社会世世代代共同的事业,不仅需要公共资金的支持,也需要非公共资金的投入,包括国际援助、企业或私人投资与赞助、遗产地自主经营等资金。

(1)国际遗产资金援助

国际遗产资金援助是国际发展援助的一种重要类型,也是国家之间进行经济合作的一种主要方式。[①]它主要是指发达国家以及收入水平较高的发展中国家和其所参与的相关组织、国际机构、社会公共团体等,通过向发展中国家提供资金、物资、资料和技术等资源,达到提升该国家经济发展水平和社会福利的目标。广义上的国际发展援助囊括的范围更加广泛,还包括国际上非政府组织所提供的优惠或无偿的资金、物资和技术等。国际上遗产援助资金的来源有多种渠道,其中包含联合国教科文组织(UNESCO)所划拨的预算内的资金、世界遗产基金、各政府与其他合作伙伴设立的基金或捐赠的预算外资金。在《世界遗产名录》之外,还专门设立了《濒危世界遗产名录》来保护那些遭受到严重危害的世界遗产,针对那些遗产地范围较广,缔约国无法单独进行保护与管理的地区,UNESCO将进行协调工作,开展国际联合援助保护行动,借助全世界的专业力量和资源为其提供国际资金和技术援助,共同保护属于全人类的遗产。此外,世界银行集团等国际组织在保护现有文化遗产方面也发挥着积极作用。在波斯尼亚和黑塞哥维那,世界银行集团与联合国教科文组织、阿迦汗文化信托基金合作,融合赠款资金与双边融资资金重建了横跨涅雷特瓦

---

① 唐丽霞、李小云:《国际发展援助体系的演变与发展》,《国外理论动态》2016年第7期。

河的莫斯塔尔大桥和旧城建筑。

（2）企业或私人投资与赞助

企业和私人的投资与赞助是遗产管理事业资金保障的一道助力。政府部门难以做到面面俱到，对于一些不涉及遗产核心保护方面的项目，会依靠企业和社会大众的力量，通过招标的形式，选取合适的合作伙伴来协助完成具体保护任务。在整个过程中，政府部门扮演着"领头羊"的角色，引领着整体项目的走向。项目启动前期，政府的主要工作是创造好良好的环境和适宜的条件，吸引企业或私人进行投资，完成项目开发。项目正式开发后，政府主要扮演"监督者"的角色，监督指导项目的正常运行，使项目如期并保质保量地完成。同时，政府也会发布一系列优惠政策，进一步助力承办企业更好地进行遗产管理工作。

（3）遗产地自主经营收入

虽然遗产本身的公益化性质决定了它的经营活动不应该以营利为主要目的，但是遗产的公共属性又意味着所有人都有爱护和保护遗产的义务与权利。所以，一些经济相对落后、财政能力不足的国家通常会收取一定的门票准入费来维持遗产地的日常经营管理。随着现代游客的个性化需求越来越高，传统的观光游览模式已不具吸引力，无法让游客驻留，也就无法为遗产地创收。在这种情况下，遗产地的自给自足商业经营模式逐渐形成，通过由政府直接经营和特许经营的方式引进市场机制，在全面保护遗产地的前提下，开展娱乐活动和特色服务。不过，不同国家在开放特许经营允许商家开展营利活动的方式上也会有差异。部分国家公园允许由企业独立开展经营活动，如南非自2000年开始采取商业运营政策管理国家公园，对旅游相关项目进行招标，中标的企业向政府上缴特许费便能开展经营活动，只有在市场运营出现危机时，政府才会发挥关键的调控和支配作用。也有部分国家公园通过政府与中标企业合作运营实现创收，如维尔京群岛国家公园的潜水、游艇租赁项目。

二、遗产管理资金保障的实践创新

随着遗产管理事业的发展,各国政府和专家学者都在研究其资金保障机制。在实践过程中,不同国家根据自身国情探索出更加适用的资金筹集方式。总的来说,可以将目前遗产管理资金保障的实践创新归为文化遗产彩票、民间基金组织、国家信托制度和遗产认养制度四个方面。

(一)文化遗产彩票

发行文化遗产彩票筹措遗产管理保障资金,可以称得上是一种实用又富有新意的资金收集方式,并且彩票作为一种有效的筹资手段,已经形成了成熟的体系,在此基础上发行文化遗产彩票较容易落地实施,也容易被民众认同和接受。欧洲一些国家通过发行文化遗产彩票的方式极大地解决了遗产保护管理资金不足的问题。其中,意大利、英国和法国在这方面取得了较为明显的成效。

意大利在1996年便制定了一项法律,要求彩票行业将自身收入的千分之八专门用于文物遗产的保护。当年意大利政府仅依靠彩票收益就为遗产管理获取了15亿欧元的可观保障资金。意大利政府充分利用这些保障金,在1998年至2000年,启动了将近200个文化遗产保护管理类项目。[①]相较于意大利,英国的文化遗产彩票发展得更为成熟。英国是一个十分重视遗产管理与保护的国家,其将文化遗产彩票视作遗产管理资金获取的一条重要渠道。在1994年便成立了遗产彩票基金(HLF),彩票周期为一周抽奖两次,基金会主要负责将每1英镑彩票金额的4.66便士分配到各地的文化遗产保护项目中,包括景观公园、建筑街景、博物馆、档案馆等众多与文化遗产保护相关的项目。在彩票所筹资金的使用上,也充分尊重民众意愿,人们通过电视节目了解文化遗产,通过电视投票选举他们最喜欢和最该保护的建筑,并决定基金优先使用于哪些项目的保护。

---

① 顾军、苑利:《文化遗产报告——世界文化遗产保护运动的理论与实践》,社会科学文献出版社2005年版,第55—80页。

法国的文化遗产和彩票之间也具有相当深的渊源。在1714年至1729年之间，法国便利用彩票的收入实现了对近半数巴黎教堂的整体翻新。2018年，法国国民议会通过了文化遗产彩票修正法案，允许设立文化遗产专项彩票，国民皆可参与，彩票收入将全部用于保护文化遗产。5月31日，法国总统马克龙在爱丽舍宫举办文化遗产专项彩票启动仪式，正式宣布法国将发行彩票以募集资金保护濒危文化遗产，并于当年9月由法国彩票公司（Française des Jeux）发行了第一批彩票。据统计，2018年"保护濒危文化古迹彩票"推出以来，彩票收入有2200万欧元，国家返还彩票税收2100万欧元，此外，私人赞助600万欧元，共筹集到近5000万欧元用于古迹修复。

文化遗产彩票筹资方式具有"公开、公平、公正"的优势，是一种理想的融资模式，它不像发行国家债券会在一定程度上增添政府的债务压力，同时又兼具独立的第三方专业管理团队（彩票公司），既能保障遗产事业不被过度商业化，又能为社会大众提供一条间接参与遗产保护管理的途径。

（二）民间基金组织

民间或半官方化的基金组织具有一定的非营利性，能够最大限度地从政府、企业、团体和个人等多方面为遗产管理吸纳保障资金。采用基金会形式为遗产管理筹集资金在国际上也是一种十分有效的方式。纵观全世界遗产保护管理成果较好的国家，往往都存在着各种类型的基金会共同保障遗产管理的经费来源。

日本在1990年为了保护和发扬文化遗产，专门设立了艺术文化振兴基金会，其中政府出资500亿日元，民间通过捐款的方式共计出资120亿日元。基金会通过操作与运营所获取的收益将用于各文化单位的活动，包括对博物馆内许多文化和艺术团体的资金支持。[1]美国主要采用"三足鼎立"的垂直管理制度，其文化遗产事业由国家艺术基金、国会图书馆和史密森尼学会三方面共同操持。[2]美国的大部分博物馆之所以能够一直处于财务稳定的状态，很大程度

---

[1] 胡惠林、李康化：《文化经济学》，上海文艺出版社2003年版，第203—221页。

[2] 高舒：《美国文化遗产保护机制中的"半官方"角色——兼议"史密森尼学会"与"民办公助"运行模式》，《中国艺术时空》2019年第5期。

上都归功于基金的支撑。甚至有一部分博物馆，不是依靠某一个基金来运作的，而是在多种基金的联合加持下维持着稳定经营的良好状态，如丹佛艺术馆就有近30种基金支持。[1]澳大利亚也有很多基金会，著名的澳大利亚布什遗产基金会是一个全国性的非营利组织，其职责是管理适当的土地以保护其自然价值。[2]该基金会吸引了众多公共捐赠者作为资金来源的重要保障，且拥有约300位定期（每月）捐赠者，一些澳大利亚人还将遗产捐赠与基金会。目前国外一些国家的基金项目大多用于支持慈善事业的发展。例如，新西兰政府充分利用基金这一方式吸引全社会每一位公民对国家公园保护和建设的关注与支持，国家森林遗产基金在新西兰即用于国家公园的管理。

基金会是一种灵活有效的文化遗产保护资金筹集形式。它一般设立管理机构，制定规章制度，有明确的目标方针，有效管理不同来源的各类资金的使用。通常借助基金运作来筹集资金的单位和组织一般都会用本金以外的部分利息和投资效益来维持遗产管理事业的日常运作，并将余下的利息和收益充实到本金之中，保障基金的稳步增长，这使得遗产管理项目进一步减轻了对国家财政拨款的依赖性，增强了自身的造血功能。同时，以基金会的形式保障遗产管理的资金，可以有效地将与遗产管理事业相关或不相关的各类社会资金集中起来，共同用于遗产管理与保护，极大地增加了公众参与感与文化认可度。

（三）国家信托制度

信托是指委托人基于对受托人的信任，将其财产权委托给受托人，由受托人按委托人的意愿以自己的名义，为受益人的利益或特定目的，进行管理或处分的行为。国家信托制度是一种合理的理财方式，也是一种特殊的财产管理制度，它受国家和法律的保护，现已成为遗产管理事业的一种重要资金筹集方式。

在信托行业里，英国可以称得上是较有话语权的国家。它不仅仅是现代信托行业的起始地，更是国际上发行公益信托最早的国家。[3]在1895年，就由

---

① 段勇：《当代美国博物馆》，科学出版社2003年版，第33—54页。

② 郑玉歆、郑易生：《自然文化遗产管理——中外理论与实践》，社会科学文献出版社2003年版，第85—94页。

③ 焦怡雪：《英国历史文化遗产保护中的民间团体》，《规划师》2002年第5期。

Octavia Hill、Robert Hunter和 Canon、Hardwicke、Rawnsley共同联手，正式成立了国家历史古迹或自然名胜信托组织，简称为"国家信托"。在英国，这是唯一被议会授予接收建筑与地产权力的组织机构，并于1993年正式注册为慈善团体，担任遗产管理的保护大使，义务为全体人民永久性地保护和传承这些极具历史文化价值和自然风光特色的土地及建筑物，并形成了"For ever, for everyone"的形象标语[1]。如今，它已经发展成为全英国最大的私人土地所有者，以及全球规模最大、组织结构最完善、最有实力的遗产保护民间组织和公益团体之一。信托制度也是在实践中逐渐成熟的，在国家信托组织成立之初，社会大众对信托的认识不够深入，无法产生足够的信任，导致当时只是以购置和接受馈赠的方式来获取遗产资源。随着大众对信托理念的认识不断加强，获取遗产资源的方式也有了创造性的改变，开始通过签订契约的方式来获取遗产资源的使用权，极大程度地减少了组织的维护费用。同时，国家信托组织也有自己的资金保障机制，主要由会费收入、经营收入和捐赠及租金收入三部分组成。志愿者制度也为信托组织节约了庞大的运营维修费用。

国家信托制度采取契约租赁的方式，很好地解决了遗产管理资金保障来源的问题。同时，在很大程度上缓解了捐赠数量少、所需资金数额大、筹集速度慢等弊端，让保障资金能够发挥更大的作用，促进了多项遗产保护项目的开发与启动。

（四）遗产认养制度

遗产认养制度是遗产管理资金保障方面的又一大实践创新，它借助公众与市场的力量，将遗产资源的一部分权力通过认领、认租、认购和公私合作等多种方式下放于企业、集体或个人，让大家共同参与对遗产保护和管理的行动中来。

欧洲是遗产"私化"的典型代表。[2]这种"私化"模式是对遗产归属权、管理权实现路径的扩容，遗产认养制度便是其典型案例。在意大利，建筑遗产认

---

① 李婕：《英国文化遗产保护对我国的借鉴与启示——基于财政的视角》，《经济研究参考》2018年第67期。
② 张祖群、杨美伊：《中国与欧洲文化遗产管理制度对比分析》，《首都非物质文化遗产保护——2012北京文化论坛文集》2012年版，第279—289页。

养制度已经得到广泛的认可,并且取得了显著的成就。①遗产认养制度会根据对遗产的价值鉴定来决定遗产能够认养的年限,一般情况下,价值认定等级越低,可认养的年限便越长,但最长期限不会超过99年。在认养的期限当中,认养者将会成为该遗产的固定监护人,管理和提供遗产保护、利用所需要的日常活动与开销,并有权在不改变遗产原始模样的前提下,对遗产进行适度改造和更新,建设旅游咨询中心、书店、纪念品售卖点、咖啡厅和餐厅等,但利用遗产地进行经营活动所获取的收益,部分需要上交给国家。意大利在2002年专门设立了一个官方文化遗产保护信息交流平台"文化遗产和可持续旅游交易所",管理和协调公众参与文化遗产保护机制,吸引了世界各地知名企业纷纷投资意大利建筑遗产保护领域,促使建筑遗产修复经费不足的状况得到大幅度缓解。同时,针对赞助遗产管理的企业,会在遗产地进行修护期间,在施工挡板上为赞助企业留有一片广告区域,宣传该企业的品牌与标识,达到双赢的结果。

遗产认养制度在对遗产地进行保护和管理的同时,促进了企业的良性发展,使得社会各方都有资格进入到遗产保护管理事业,增强了公民的参与感。同时,让公民更加认同遗产管理是一项长期和必要的事业,有助于历史文化的传播与弘扬,也使政府对遗产管理的主导权与社会公信力得到彰显。

第二节　建立财政为主的资金保障基础

2019年中共中央办公厅、国务院办公厅印发的《长城、大运河、长征国家文化公园建设方案》明确了到2023年底基本完成国家文化公园建设任务,使长城、大运河、长征沿线文物和文化资源保护传承利用协调推进。在加强政策保障中明确中央财政通过现有渠道予以必要补助并向西部地区适度倾斜,中央宣传部、国家发展改革委、文化和旅游部、国家文物局按职责分工对资源普查、

① 唐华:《意大利如何保护古建筑》,《上海房地》2015年第10期。

编制规划、重点建设区等给予指导支持。地方各级财政综合运用相关渠道，积极完善支持政策。引导社会资金发挥作用，激发市场主体活力，完善多元投入机制。

国家对国家文化公园建设的资金支持在国家文化公园建设资金保障中发挥着引导作用。在加强财政部的中央财政资金保障的基础上，地方政府应积极争取国家发展改革委的一般预算内投资，并通过调整资金支出结构，统筹整合现有各类专项资金及安排专项补助的方式，成为国家文化公园建设资金的主要来源。

一、中央财政资金引导建设方向

国家文化公园建设需要中央来积极引导支持，国家文化公园建设离不开中央财政的大力支持。在我国国家文化公园建设过程中，中央需发挥宏观统筹、资金补助和监督推进的作用。在实际执行时，中央成立国家文化公园领导小组，对全国国家文化公园进行统筹布局，并通过中央财政给予补贴。

（一）中央财政资金的关键带动作用

中央财政资金可以充分发挥关键带动作用，促进地方各级政府和社会各界资金投入到国家文化公园建设过程中，引导社会资本积极参与，推进文化和旅游高质量发展，加快国家文化公园全面建设。

2020年文化旅游提升工程第一批中央预算内投资共57亿元，支持485个公共文化服务设施、国家文化和自然遗产保护利用设施、旅游基础设施和公共服务设施建设项目。2022年安排中央预算内投资64.9亿元，支持国家文化公园、国家重点文物保护和考古发掘、国家公园等重要自然遗产保护展示、重大旅游基础设施、重点公共文化设施等288个项目建设。2022年全国两会期间，财政部发布《关于2021年中央和地方预算执行情况与2022年中央和地方预算草案的报告》称，2021年支持完善公共文化服务体系，推动实施公共数字文化建设，支持推进城乡公共文化服务体系一体建设，支持中华优秀传统文化传承发展，加强文物古籍保护利用和非物质文化遗产保护传承，推进长城、大运河、长征、黄河、长江等国家文化公园建设。

（二）中央财政资金明确投入重点方向，对财政薄弱地区加大投入力度

中央财政资金投入从薄弱处入手，加大对中西部国家文化公园建设较困难地区的财政补贴，吸引社会各界资金涌入，精准有效实施积极的财政政策，推动经济运行保持在合理区间。地方政府积极争取国家发展改革委的一般预算内投资，同时积极吸纳社会各界投资，实现中央和地方共同推进建设国家文化公园。

我国幅员辽阔，不同地区之间存在经济、文化差异，国家文化公园跨越不同省（区、市），各地建设难度不同。中央财政明确投入的重点方向，对财政薄弱地区加大投入力度，弥补地区短板，保证国家文化公园整体顺利建设。2022年度中央预算资金对东、中、西部地区的国家文化公园项目按照不超过核定总投资的30%、60%和80%予以支持，对西藏、四省涉藏州县和南疆四地州项目足额支持。

长征国家文化公园和长城文化公园跨越中西部欠发达地区，沿线贵州、江西、广西、云南、甘肃、青海、宁夏、新疆等地，资本市场相对不够发达，融资便利性上存在劣势，故而中央以及各部门应通过中央预算内投资渠道和中央财政专项转移支付给予其更多财政支持，对薄弱地区采取资金倾斜措施，[①]减少地区建设的不平衡。

二、地方财政切实履行责任

中央相关政策的制定和资金的投入也大大撬动了各级政府和社会资金，各省市纷纷以国家文化公园建设为抓手，高效推进文化和旅游高质量发展。

（一）各省级负责单位积极申请中央预算内资金支持

中央财政在国家文化公园建设中发挥关键带动作用，各省级负责单位要积

---

① 吴丽云、邹统钎、王欣等：《国家文化公园管理体制机制建设成效分析》，《开发研究》2022年第1期。

極申请中央预算内资金支持。自2020年起，各省（区、市）积极申请中央预算内资金支持，2020—2022年各省（区、市）申请中央预算内资金建设国家文化公园项目具体信息见表5-1。

表5-1 各省（区、市）国家文化公园建设申请中央预算内资金情况

国家建设资金	省（区、市）	项目及资金
2020年中央基建投资	天津	天津市大运河生态观光园周边基础设施提升改造工程 2000万元
	河北	长城文化产业园基础设施一期工程 8000万元 中国大运河非物质文化遗产公园一期工程——中国大运河非物质文化遗产展示馆周边基础设施工程 2000万元
	江苏	中国大运河博物馆项目 8000万元
	浙江	运河文化公园（GS1201-36地块）工程 2000万元
	安徽	柳孜运河遗址环境综合治理项目 2000万元
	福建	长征国家文化公园—长征出发地长汀中复村基础设施建设项目（一期） 2000万元
	江西	江西省赣州市于都县中央红军长征出发地景区建设项目 2000万元
	河南	隋唐大运河文化博物馆 2000万元
	贵州	遵义会议核心展示园一期工程——老鸦山长征文化园 8000万元
	陕西	志丹县保安革命旧址周边环境整治工程 2000万元 榆林市红石峡长城国家文化公园项目（一期） 2000万元
	甘肃	静宁县界石铺红军长征旧址保护综合利用项目 2000万元 战国秦长城临洮段文物保护利用设施建设项目 2000万元
	青海	青海省长城（大通段）文化公园文化科普教育馆 2000万元
2021年中央基建投资	河北	中国长城文化博物馆建设项目 8000万元 中国大运河非物质文化遗产展示中心建设项目 8000万元
	山西	忻州长城博物馆（园）工程 8000万元 朔州市山阴县长城旧广武村中国历史文化名村建设项目 8000万元 朔州市山阴县长城博物馆装修改造项目 2000万元 阳泉市郊区非物质文化遗产馆建设项目 2000万元
	黑龙江	黑龙江省齐齐哈尔市碾子山区金长城（碾子山段）国家文化公园基础配套设施建设项目 2000万元
	浙江	浙东运河文化园（浙东运河博物馆） 8000万元 大运河杭钢工业遗址综保项目 8000万元
	安徽	安徽省淮北市柳孜运河遗址永久性保护大棚建设项目 4054万元 安徽省宿州市隋唐大运河（泗县段）国家文化公园项目 3000万元

续表

国家建设资金	省 (区、市)	项目及资金
2021年中央 基建投资	福建	长征国家文化公园——宁化县中央红军长征出发地核心展示园（淮土）建设项目　4000万元 中央红军转战长征泰宁旧址旅游基础设施建设工程　2000万元
	江西	江西省赣州市会昌县长征国家文化公园会昌红军长征遗址遗迹展示提升及环境整治项目　2000万元 江西省赣州市瑞金市长征国家文化公园红井区域革命遗址遗迹项目　2000万元 江西省赣州市寻乌县长征国家文化公园罗塘谈判遗址展示提升及环境整治项目　2000万元 江西省吉安市永新县长征国家文化公园革命遗址保护项目2000万元 江西省赣州市于都县长征国家文化公园长征出发地八大渡口遗址遗迹项目　2000万元 江西省赣州市兴国县长征国家文化公园红军装备展示馆项目2000万元 江西省抚州市长征国家文化公园广昌保卫战遗址保护利用项目2000万元
	山东	聊城中国运河文化博物馆改造提升项目　2000万元
	河南	南乐县大运河国家文化公园建设项目　2000万元
	四川	四川红军长征数字展示馆项目　8000万元 苍溪县长征国家文化公园红四方面军出发地环境提升工程2000万元
	贵州	遵义会议会址周边环境整治提升项目　8000万元 长征国家文化公园播州区刀靶水红军驻地特色展示点——刀靶红色街区红色文物保护与修复项目　2000万元
	云南	长征国家文化公园（威信段）扎西会议会址周边文物保护提升项目　8000万元 大理州祥云县长征国家文化公园建设项目　2000万元
	甘肃	黄河国家文化公园——河州牡丹文化公园基础设施建设项目2000万元
	青海	青海长城（大通段）国家文化公园基础设施建设项目　2000万元 青海长城（贵德段）国家文化公园基础设施建设项目　2000万元 黄河文化公园（海北段）西海郡故城遗址基础设施建设项目2000万元 黄南州泽库县黄河国家文化公园综合性非遗馆　2000万元 青海长征（班玛）国家文化公园特色公园　2000万元 海西州天峻县黄河国家文化公园综合性非遗馆　2000万元 西宁市城北区黄河国家文化公园综合性非遗馆　2000万元

国家建设资金	省(区、市)	项目及资金
2021年中央基建投资	宁夏	宁夏原州区长城国家文化公园战国秦长城保护及旅游基础设施项目　2000万元 宁夏盐池县长城国家文化公园文化旅游复合廊道基础设施和公共服务设施配套项目　2000万元 宁夏同心县长城国家文化公园旅游风景道周边环境提升项目　2000万元 宁夏固原市长征国家文化公园六盘山红军长征旅游区红色旅游提升项目　2000万元 宁夏青铜峡市黄河国家文化公园古渠首重要遗产保护管理和配套基础设施项目　2000万元 宁夏中卫市黄河文化公园大湾段沙坡头配套设施项目　2000万元 长城国家文化公园（宁夏段）同心县内边文化旅游复合廊道　2000万元 长征国家文化公园（宁夏段）隆德红二十五军革命遗址保护利用工程　2000万元 黄河文化公园（宁夏段）利通区牛家坊文旅融合项目　2000万元
	新疆	巴州拉依苏长城国家文化公园　2000万元 阿克苏地区别迭里烽燧长城国家文化公园建设项目　2000万元
2022年中央基建投资	河北	长城山海关风景道建设项目　8000万元 吴桥运河文化展示馆项目　2000万元 山海关古城遗址保护利用项目　2000万元
	山西	山西省忻州市偏关老牛湾黄河文化公园建设项目　8000万元 大同市长城博物馆建设项目　2000万元 忻州市雁门关白草口长城遗址保护利用项目　2000万元
	内蒙古	内蒙古包头市黄河湿地国家文化公园建设项目　8000万元 内蒙古呼和浩特市清水河明长城小元峁小段保护利用项目　8000万元 内蒙古包头市秦长城国家文化公园建设项目　8000万元 内蒙古乌海市黄河文化博物馆建设项目　2000万元
	辽宁	辽宁省葫芦岛市绥中长城博物馆建设项目　2000万元
	福建	龙岩市古田会议旧址群（新泉革命旧址群）建设项目　2000万元
	江西	江西省赣州市瑞金市长征国家文化公园中央红军长征决策和出发重点展示园建设项目　8000万元
	山东	齐长城（锦阳关段）保护利用项目　8000万元 大运河非物质文化遗产传习中心建设项目　2000万元 大运河微山湖博物馆建设项目　2000万元
	河南	黄河国家博物馆建设项目　8000万元 信阳市中国工农红军红二十五军司令部旧址保护利用项目　2000万元

续表

国家建设资金	省(区、市)	项目及资金
2022年中央基建投资	湖北	湖北省黄冈市红二十五军长征集结地历史步道建设项目　8000万元
	湖南	张家界市红二方面军长征出发地重要遗址建设项目　8000万元 湘西州长征遗址保护利用建设项目　2000万元
	广西	龙胜县长征文化旅游复合廊道建设项目　2000万元 全州县红军长征湘江战役三大渡口遗址保护传承工程 8000万元 兴安县红军长征湘江战役中央纵队界首渡江遗址公园建设项目 2000万元 资源县中峰镇红军长征旧址保护展示项目　2000万元 兴安县中央红军翻越老山界遗址建设项目　2000万元 兴安县金石红军故道建设项目　2000万元
	重庆	重庆市水车坪长征文化公园建设项目　2000万元
	四川	利州区红四方面军四川长征文化公园建设项目　2000万元 炉霍县红军长征公园建设项目　2000万元
	云南	长征国家文化公园（姚安段）光禄镇历史文化名镇建设项目 2000万元
	甘肃	金昌市长城国家文化公园（永昌段）建设项目　2000万元 黄河国家文化公园——黄河首曲文化公园建设项目　2000万元
	青海	青海省海东市长城国家文化公园（乐都段）基础设施建设项目 2000万元
	宁夏	黄河国家文化公园（宁夏段）引黄古灌区世界灌溉工程遗产展示中心建设项目　2000万元 吴忠市黄河国家文化公园红寺堡段新时期红色文化旅游复合廊道建设项目　2000万元 石嘴山市黄河国家文化公园银河湾段黄河文化湿地郊野公园建设项目　2000万元 石嘴山市长城国家文化公园（大武口段）西线旅游复合廊道建设项目　2000万元 彭阳县长征国家文化公园小岔沟及乔家渠红色文化旧址保护利用项目　2000万元 同心县长征国家文化公园红军西征指挥部等旧址修复项目 2000万 银川市长城国家文化公园（宁夏段）横城堡环境整治工程项目 2000万元 中卫市长城国家文化公园沙坡头胜金关段文化旅游复合廊道建设项目　2000万元
	新疆	巴州米兰长城国家文化公园建设项目　2000万元

（二）地方财政配套保障

地方承担国家文化公园建设的内部协调、具体建设和运营管理任务，各相关省、市、区设立国家文化公园管理区，整合和协调本省内的各类文化、经济资源，并通过地方财政进一步补充完善国家文化公园建设资金。地方财政是国家文化公园建设过程的主要资金来源，可有效减轻中央资金支持各方建设的压力，破解国家文化公园建设资金难题，同时展现地方单位担当作为。地方财政也可吸引社会投资，鼓励社会各界资金投入国家文化公园建设中，要健全多元投入机制，积极争取国家支持，完善财政支持政策，引导社会资金发挥作用，共同推进国家文化公园建设。

在文化保护传承利用工程中央预算内投资以及各地配套资金支持下，各个国家文化公园建设保护规划正在有序落实。河北省各部门在为山海关中国长城文化博物馆重点项目立项建设、争取专项资金和一般债券、建设用地指标供给等方面给予了支持和帮助。山阴县长城旧广武村中国历史文化名村建设项目、定边盐场堡长城遗址公园项目获得中央预算内投资以及地方政府债券资金支持，两个项目预计总投资分别为1.2亿元和1.12亿元。中央和地方资金的充足保障，为有序推进项目建设提供了坚实基础，实现国家文化公园保护和发展相得益彰。2022年山东省省级预算安排29.08亿元，支持基本公共服务文化体系建设，推进新时代文明实践中心建设，高标准推进齐长城国家文化公园（山东段）、大运河、黄河建设，提升群众文化生活的获得感和满意度。

近两年，在长征国家文化公园段，广西壮族自治区桂林市市级财政已安排资金600余万元用于湘江战役红军烈士遗骸收殓保护、桂北红色文化旅游项目策划、红军长征国家文化公园（桂林段）等规划工作，积极保障红军长征湘江战役文化保护传承中心、八路军办事处纪念馆、李宗仁文物管理处等红色文化机构正常运转和工作顺利开展。2021年，共安排经费2150万元，桂林市财政将必要经费列入部门预算予以保障。2022年初，湖南省长征国家文化公园建设工作领导小组印发了《长征国家文化公园（湖南段）建设保护规划》，明确了长征国家文化公园（湖南段）建设积极投入地方财政资金，向社会各界广泛募集资金,并用好中央财政拨款资金,加快"两线七园六带多点"的规划布局建设,通过整合长征沿线具有突出意义的文化资源,提升展陈水平,将长征国家文化公园(湖南段)建设作为发扬长征精神的重要载体。江西省赣州市有长征国家文化公园省级重点调度项目3个、市级重点调度项目2个,5个项目预计总投资为13.94亿元。瑞金中央红军长征决策和出发重点展示园主体工程完成投资额约800万元、瑞金中央红军长征决策和出发重点展示园标志性景观工程完成投资额约1800万元,瑞金干部学院二期建设项目土建工程累计完成投资额约5.03亿元,占投资总额的48.27%。

(三)地方政府创新渠道

中央财政和地方财政两者并重、共同分担、相互配合是关键。国家文物局、财政部联合印发《关于加强新时代革命文物工作的通知》,指出要切实加大省级及省级以下革命文物保护力度,国家文物保护资金用于省级及省级以下文物保护单位保护的一般项目补助应向革命文物保护项目倾斜。省政府是国家文化公园建设省域内建设的主要负责人,地方政府应勇于创新,拓宽资金开源渠道,推动财政支持政策的颁布和落实,鼓励资源向本地倾斜。

各省在国家文化公园建设资金上不断创新渠道。江西省文化和旅游厅编制了《江西省红色文化资源保护与开发利用三年行动计划(2020—2022)》,明确了将在政策和资金方面支持兴国县红色旅游以及长征国家文化公园(江西段)的建设发展。江苏省财政厅同省文化和旅游厅于2020年6月共同印发了《江苏省文化和旅游发展专项资金管理办法》,将其原有的四大类资金进行了整合,统一合并为江苏省文化和旅游发展专项资金。这有利于加强和规范文化和旅游发展专项资金管理,统筹资金使用,提高资金使用效益。2020年以来桂林市全州县积极引进华强方特集团、广西旅游投资集团等区内外文旅投资公司的社会资本,通过全州县乡村农旅结合(一期)向农发行融资1.9亿元、向工行贷款5596万元,通过全州湘江战役红色文化旅游配套设施建设项目积极募集专项债券8998万元。桂林龙胜和灵川两县也通过积极争取,筹集到革命老区转移支付资金用于长征红色文化项目建设。桂林市还设法拓宽项目资金筹措渠道,对于能引入社会资本的项目要加大招商引资力度，积极探索运用新方法和新模式，调动各类社会资本投资积极性，充分发挥市场主体作用，撬动更多社会资本投入。进一步加强财政、金融联动，通过省、市、县三级成立基金等模式，发挥财政资金杠杆和政策引导作用，拓宽项目建设融资渠道。鼓励国有企业积极参与项目建设，将一些配套设施、文化产品开发等项目交由相关企业进行市场化运作。

三、当前国家文化公园建设资金状况

国家文化公园建设资金是中央与地方共同负担，在中央下发一定的专项资金后，地方政府自掏腰包拿出配套资金。本部分将分别对长城、大运河、长征、黄河、长江等国家文化公园建设资金状况进行总结。

（一）长城国家文化公园

2020年，大运河、丝绸之路、长城（仅含山海关、嘉峪关、八达岭）的保护经费总数为22.04亿元，约占我国世界文化遗产保护经费总数的20.93%。其中长城（仅含山海关、嘉峪关、八达岭）全部保护经费为3.66亿元，较上年增加0.23亿元。从资金来源看，长城（仅含山海关、嘉峪关、八达岭）保护经费均以中央财政经费为主，其中长城山海关建设项目获中央基建投资共计1亿元（长城山海关风景道建设项目8000万元、山海关古城遗址保护利用项目2000万元），是中央财政经费占比最高的。

河北省是长城国家文化公园重点建设区，其中，秦皇岛市作为重点建设段，肩负着先行先试、示范引领的重担，在建设资金支持方面也小有成就。截至2022年5月，长城国家文化公园（秦皇岛段）列入国家重点项目4个、省重点项目11个，多类项目资金均得到有效落实，其中包括中央预算内重点项目资金2.6亿元，国家、省文保专项资金1.1亿元，省级旅游发展专项资金2310万元。同时还有效吸引了高达22.7亿元的社会资金。在4个国家级项目中，作为文化公园河北段建设的"一号工程"——山海关中国长城文化博物馆，正在抓紧施工，且于2022年7月完成主体工程。同时，展陈设计与展品征集正同步进行，将在2023

年投入运营。长城文化产业园基础设施、车厂长城休闲小镇等11个省级项目进展顺利,完成投资2.9亿元。在18个市级重点项目中,也已完成了10个项目,其中包括卢龙博物馆、板厂峪长城(二期)维修工程。

自2019年以来,山西省长城国家文化公园建设保护工作取得了显著进展。在资金投入方面,近两年来共有8个项目获国家发改委立项,落地于山西省长城国家文化公园的专项资金累计为3.52亿元,这为项目扎实推进以及《长城国家文化公园(山西段)建设保护规划》的实施提供了重要支撑。山西作为长城分布较多的省份之一,其各县市的长城保护和国家文化公园建设工作都在有效推进中。其中,山西山阴县以长城文化为牵引,为被列入首批国家级长城重要点段的广武明长城争取到了投资和专项债券资金3.2亿元,用于打造广武长城国家文化公园。

(二)大运河国家文化公园

大运河江苏段是运河全段文旅资源最丰富、密度最高的地区,拥有10项世界级非遗、239处全国重点文保单位、140个国家级非遗、54座国家级历史文化名城名镇名村、21处全国爱国主义教育基地、22处全国红色旅游经典景区。江苏省发展改革委将中国大运河博物馆项目上报申请列入2020年文化旅游提升工程第二批中央预算内投资计划;江苏曾设立全国首只大运河文化旅游发展基金,认缴规模超130亿元,2020年江苏在全国发行首只大运河文化带建设专项债券,规模为23.34亿元。2021年6月初,江苏省大运河文化带建设工作领导小组举行全体会议,审议了省大运河文化带和国家文化公园建设"十四五"时期和2021年重点项目,总投资达2134亿元。

相关的统计数据显示,到2013年初,在大运河申请世界遗产的工作上,从地方到国家至少已经投入了100亿元的资金。例如作为运河牵头城市的扬州,每年把申遗经费纳入财政预算,2008年至2012年这五年间,扬州地方财政对申遗的投入就有22亿多元;而在江南运河嘉兴—杭州段,嘉兴和杭州两地政府在这五年间也投入了19.4亿元的地方财政用于大运河的申遗工作。而2013年初以后的项目进入冲刺阶段,各地资金投入及人力投入更是源源不断。2020年,大运河全部保护经费为10.69亿元，较上年减少17.68亿元，主要原因为2019年大运河—江南运河嘉兴段等遗产地获得了大额环境整治经费。

安徽省宿州市隋唐大运河（泗县段）国家文化公园项目获得2022年第一批中央预算内投资支持。大运河安徽省泗县段作为通济渠重要的活水遗存段，不仅保留了较为原始的河道，而且整个水系至今仍活态流通，尤其是泗县运河曹庙段基本保持了运河的原始风貌，是安徽弥足珍贵的历史文化资源。该项目截至2022年底完成项目投资2.2亿元。安徽省宿州市协调推进大运河宿州段沿线文物和文化资源传承利用工作，位于泗县新濉河和古汴河交界处的隋唐大运河（泗县段）国家文化公园项目计划总投资5亿元，在2021年和2022年两年间争取到中央预算内投资共8000万元。

（三）黄河国家文化公园

河南省文化和旅游厅进一步打响"黄河牌"，《黄河国家文化公园（河南段）建设保护规划》已通过了专家评审并上报至国家。同时，河南对黄河国家文化公园的重大资源进行了分类与评价，建立起了黄河文化遗产资源大数据库。河南在2021年重点推动的21个黄河国家文化公园项目，于2022年1月被正式确定为黄河国家文化公园的重点建设区。河南在未来将以黄河国家文化公园为载体，系统地保护和利用黄河文化遗产，将重点打造黄河国家文化公园50个核心展示园、20条集中展示带以及130处特色展示点，加快多个重大项目的建设，力争打造具有国际影响力的黄河文化和旅游带。此外，2022年，河南重点推进包括黄河国家博物馆在内的十大标志性项目，总投资将近478亿元。

黄河国家文化公园建设的资金来源主要为财政部补贴和下达，2020年黄河流域水生态保护和污染治理补助资金15亿元，重点用于流域上下游横向生态补偿机制、水资源保护、水污染防治和生态环境保护与治理等工作。黄河国家文化公园建设资金来源除政府直接投入外，还包括市场机制融资、相关受益企业投资等。

（四）长征国家文化公园

根据《中国财经报》2021年7月的报道，2021年，江西省财政厅贯彻落实中央及省委、省政府决策部署，统筹资金3亿元对长征国家文化公园江西段重点建设区17个县给予支持，用于步道、场馆、遗址、纪念园、学院等项目建设，深挖和彰显江西长征革命文物资源价值，传承红色基因，弘扬长征精神，大力促进资源全域整合、文旅深度融合和产业高度结合，将红色文化资源转化成经济社会发展的驱动因素，推动旅游产业高质量发展。[①]

从江西省财政厅下达市县2021年转移支付资金情况表来看，长征国家文化公园（江西段）从中央筹措资金（国家文物保护资金）共计19543万元，用于支持江西省的文物保护与长征国家文化公园江西段建设，从地方筹措资金共计14135万元，归属于文化旅游体育与传媒共同财政事权转移支付支出。其中，赣州市共获得省级资金9342万元，吉安市获省级资金530万元，抚州市获省级资金128万元。在江西省及赣州市的重点调度下，长征国家文化公园（瑞金段）的各项建设有序推进。

广西壮族自治区桂林市积极争取上级财政对红色文化旅游项目的支持，全市共争取到宣传、发改、文旅、民政、退役军人事务等渠道的中央、自治区红色文化旅游相关扶持资金约6亿元，有力推动了红色文化旅游资源优势逐步转化为城市竞争优势。长征国家文化公园广西段的建设主要在桂林市。2021年以来，桂林市有关部门及时抓准机遇，有效地推动了长征国家文化公园广西段建设，并取得了阶段性成效。制定的《长征国家文化公园（广西段）建设保护规划》获得国家层面正式批复，其中累计规划设计项目60个，包括5个重点项目、21个一般项目、34个其他项目。2022年第一批中央预算内资金共1.8亿元，用于全区9个纳入国家发改委"十四五"期间文化保护传承利用工程项目储备库中的6个项目的建设，包括全州县红军长征湘江战役三大渡口遗址保护传承工程、兴安县红军长征湘江战役中央纵队界首渡江遗址公园等项目。

在中央资金有效减轻各方建设的资金压力的基础上，桂林市各有关单位着力破解来自项目和资金的多方难题。其他各县也不等不靠，主动出击。自2020

---

① 惠梦、廖乐遥、章凯：《打造革命文物保护利用的"江西样板"》，《中国财经报》2021年7月1日。

年以来，全州县对接多家区内外文旅投资公司，积极引进各方资本。同时，全州县游客集散中心项目通过全州县乡村农旅结合（一期）向农发行融资1.9亿元、向工行贷款5596万元，通过全州湘江战役红色文化旅游配套设施建设项目申请专项债券8998万元。

贵州省是长征国家文化公园建设重点省份。数据显示，2020年以来，贵州争取中央并安排省级财政直接用于长征国家文化公园贵州段项目建设的资金约14.7亿元，贵州省文旅产业投资基金直接投资8.9亿元。在中央预算内的投资中，遵义市"江界河—迴龙场—茶山关"核心展示带获得了投资支持。在长征国家文化公园的快速建设期，来自中央的资金支持不仅可以帮助当地更好、更快地开展长征国家文化公园的建设工程，同时还能提升新冠疫情期间受到巨大冲击的文旅行业发展信心，带动了地方政府的资金投入。"突破乌江"纪念园一期已建设完成，二期项目"突破乌江"战役纪念馆、红色教育体验场等项目建设正在有序推进。

（五）长江国家文化公园

长江国家文化公园（青海段）的大部分建设资金来源于中央投资。根据青海省文物局提供的信息，其项目资金主要来源于国家文物保护资金。2022年，财政部向青海省下达国家文物保护资金预算16155万元，总金额占全国国家文物保护资金预算的2.3%，其中2021年底提前下达12080万元，2022年4月下达4075万元。该资金专项用于全省文物本体维修保护、展示利用，文物安防、消防、防雷，考古调查、勘探和发掘，可移动文物技术保护（含文物本体修复）、预防性保护和数字化保护所需支出，优先用于革命文物、石窟寺文物、考古，以及长城、长征、黄河、长江国家文化公园建设重点文物单位保护利用。根据青海省发展改革委社会处提供的信息，2022年，中央投资了2亿元用于文化保护传承利用工程，主要用于支持海东市长城国家文化公园、三江源国家公园科普宣教设施、石藏丹霞国家地质公园保护展示设施等建设。

财政部2022年国家文物保护资金拨划给重庆16799万元，共占全部国家文物保护资金的2.4%，主要用于支持长江国家文化公园项目建设、长江国家文化公园线性文物的保护和修缮,以及长江文物和文化遗产的保护,为了大力传承弘扬长江文化,推动优秀文化创造性转化、创新性发展,对照管控保护、主题展示、文旅融合、传统利用4类主体功能区建设,分类策划保护传承、研究发掘、环境配套、文旅融合、数字再现等重点基础工程,按照有关文件要求,策划一批符合中央资金支持方向、具有长江文化代表性、彰显长江文化价值内涵的重大项目,编制中央投资重大项目储备库,为争取国家支持和规划编制做好基础性工作。

第三节 建立多元投入的资金保障机制

一、国内外经验借鉴

(一)中国

国家公园是一项公益事业,只有各部门协调配合,才能实现可持续发展。我国国家公园实行差异化资金管理模式,主要由国家公园管理委员会、地方政府和中央政府负责不同资金的分配。在中国国家公园的不同发展阶段,资金来源也有所不同。目前的筹资机制主要包括财政模式、市场模式和社会模式。在我国国家公园发展初期,即制度试点阶段,政府财政拨款和政府专项资金是主要资金来源。中期发展阶段,国家公园引入特许经营机制扩大市场,门票收入也是重要的资金来源。在国家公园制度试验区发展成熟阶段,即国家公园建成后,根据国家公园自身的权力划分,可以计算国家公园的资金预算在一定时期内中央和地方财政的比重。未来,将逐渐加大政府财政投入,将国家公园建设成为真正的公益事业,体现中国经济高速发展的公益性。

大熊猫国家公园和三江源国家公园等采取特许经营模式,丰富了国家公园的资金保障机制。

2020年,四川省发布了《大熊猫国家公园特许经营管理办法(试行)》(以下简称《办法》)。大熊猫国家公园管理局是大熊猫国家公园特许经营权的授权主体机构,负责大熊猫国家公园特许经营政策的制定和监督管理。《办法》明确社会资本可以通过特许经营方式参与国家公园的餐饮、住宿、生态旅游、低碳交通、文化体育、森林康养、商品销售等服务领域。使用大熊猫国家公园的品牌和标识开展生产经营活动也属于特许经营范围。

2018年,国家发改委印发了《三江源国家公园总体规划》,指出遵循保护第一、合理开发、永续利用的原则,探索建立"政府主导、管经分离、多方参与"的特许经营机制,调动企业和社会各界,特别是广大牧民群众参与的积极性,提升他们的存在感、获得感,共享国家公园红利。建立与国家公园功能目标定位相符合的特许经营清单,面向社会公开招标,实行多种方式的特许经营。制定三江源国家公园产业化经营项目特许经营管理办法,编制产业发展规划,把握政策导向,做好项目引导、资金技术投入、人才引进等方面保障工作。严格履行特许经营准入制度,明确特许经营主体应履行的义务,严格生态环境管控,确保特许经营依法依规开展。同时,明确了特许经营的范围:生态体验和环境教育服务业、有机畜产品加工业、民族服饰、餐饮、住宿、旅游商品及文化产业等。鼓励开办牧家乐、民间演艺团体、民族手工艺品、生态体验等特许经营项目,给予政策扶持。

(二)美国

美国是世界上第一个建立国家公园的国家,也是迄今为止国家公园数量最多的国家。特许经营制度作为其核心制度内容,在美国国家公园的整体管理中占有非常重要的地位。商业活动是国家公园为游客提供休闲娱乐服务的方式之一。商业开发一方面应注重生态资源的可持续利用,另一方面应与国家公园的发展理念相结合,呈现自然生态之美,使游客接受历史文化的熏陶。美国国家公园的特许经营活动不仅符合国家公园保护生态资源的理念,而且为游客提供优质多样的服务。

1965年美国颁布的《特许经营政策法案》为美国国家公园特许经营权的发展提供了法律保护。该法案建立了较为完整的特许经营体系,明确划分了经营权,其中,政府补助包括一般预算补助和项目专项补助,用于维持国家公园系统的日常运行；社会捐赠主要来自公众，具有较高的不确定性，大多数年份社会捐赠收入占资金总额的比例不到2%；营业收入主要由公园门票和商业服务费组成。该法案同时对国家公园特许经营的基本要素、适用条件和项目范围做出了详细规定。

美国国会于1998年更新了《特许权管理改进法案》及其实施条例。美国的国家公园由国家公园管理局（NPS）统一管理。该法案对国家公园内各类项目的特许经营实行分类管理。项目分为特许经营、小型商业使用授权和租赁三种模式。

1998年的法案显著提高了特许经营商的竞争意识。例如，该法案规定特许经营商将不再享受1965年法案规定的优惠政策，并取消合同签订的优先权。这促进已有经营项目的特许经营商不断加强经营管理，优化服务质量，从而稳固其在国家公园特许经营中的市场地位，为今后竞标打下坚实的基础。由其多年实践可以看出，特许经营商非常重视与国家公园的业务合作和品牌运营的协调。随着运营管理水平和投资规模的全面提升，国家公园也实现了生态产品和商业服务的双重价值；与此同时，美国国家公园管理局的特许经营费收入也在增加。国家公园管理局通过聘请专业顾问指导国家公园的运营和发展，形成了管理者、被许可人和特许人之间的良性循环。

（三）英国

英国不仅是现代信托业的发源地，也是世界上第一个开展公益信托的国家。国家信托诞生于特定时代背景，19世纪末工业革命的迅猛发展，对环境造成了严重而广泛的不利影响。面对维护公地、保护自然环境和历史遗迹的持续紧迫性，1895年，奥克塔维亚·希尔、罗伯特·亨特同哈德威克·罗恩斯利等人联合创立了国家信托。它成为英国唯一一家在议会授权下接收建筑物和房地产的组织。1993年，它正式注册为慈善机构。如今，它已成为英国最大的私人土地所有者，也是世界上最大、最完整、最有影响力的遗产保护非政府组织和公益组织之一。

契约租赁的方式极大地缓解了捐赠金额小、资金数额大、募集速度慢的问题。起初，购买和接受礼物是获得遗产资源的主要方式。随着国家信托的概念逐渐被越来越多的人所认可，该组织创造性地提出了签订合同的方式，即产权人在特定期限内将财产按照合同约定出租给国家信托组织。在此期间，业主和继承人除了遵守规定在特定时间对外开放，不能用于商业开发外，还可以继续享有业主的权利和权力，如收取土地租金等。这不仅使国家信托能够获得更多的遗产资源，也解决了遗产维护成本大的问题。

国家信托具有面向社会、独立运作的资金保障机制。一是会费收入，约占总收入的34%。国家信托的会员制度分为单人、双人、家庭的年会员及终身会员，会员拥有免费游览景点、免费停车等权益。会员约有380万，每年收入约在2亿英镑左右。二是经营收入，包括门票收入、礼品销售收入、体验活动收入等，同时国家信托还有自己的彩票销售机构。三是捐赠及租金收入，威斯敏斯特公爵是协会成立初期的主要捐款者。

在对国民福祉有利的前提下，国民信托法允许在财产安全的情况下，通过借贷、抵押贷款、租金等方式筹集资金。国民信托主要的资金来源于会员会费、捐赠和遗赠、商业经营（投资与利息、门票及营业等财产营利）收入，这些都以保护为前提。任何人均可在公开的年度报告中，查询财务收支情况。财务公开、受公众监督、取信于民，使得国民信托的运作可以良性循环、持久发展。

国家信托实行志愿者制度，从房屋的修缮、事务宣传到顾客接待，志愿者都参与其中，由此节约了庞大的运营及维修费用。英国1948年通过的《国家辅助法》中，已确定了志愿者的义务组织法定地位。近70年来，政府给予志愿者及其组织税收方面的优惠，成为英国遗产保护优秀传统之一。英国国家信托拥有最广大的遗产保护志愿者队伍，按每小时5.8英镑收入标准计算，43万名志愿者的智慧和热情之奉献每年高达1500万英镑，"没有志愿者就没有国家信托（No volunteers, No National Trust）"的标语即体现了这点。

（四）法国

法国拥有庞大的"文化遗产"体系，有大量文物建筑保护需要投入巨资。调查显示，若要对法国的历史文物和建筑采取有效保护，则每年至少需要投入

7.5亿欧元。但目前法国政府每年用于文化遗产保护的预算开支仅占文化部预算的3%（2019年约3.03亿欧元），而文化部预算只占2019年法国中央政府总预算额的2.1%。中央政府常常面临财政紧缩状况，用于文化遗产的预算开支难以满足实际需要。因此，法国文化部一直在积极寻求预算外的永久性资金来源来保证文化遗产的维修保护。

法国彩票业务由法国彩票公司（FDJ）专门经营，盈余部分全部纳入国家财政或地方财政预算，由国家或地方财政统一支配使用。彩票的监管职能主要集中在国家内政部，地方政府没有彩票监管权，具体履行监管职责的是内政部下设的赛事和博彩游戏监管分局。监管机构在彩票公司中派驻国家监督员，负责监督彩票公司是否按时将公益金如数上缴国家财政。由于监督员是在公司内部进行监督，本身并不与其存在利益关系，因此，可以如实地向内政部反映公司运行情况，从而有效保证彩票公益金足额、即时地上缴国家财政。这种全国统一管理、政府垄断经营的模式操作简单，易于监管。

慈善性质的彩票公益金既有财政资金不计回报的特点，也不像发行国家债券那样增加政府债务压力，又有独立第三方专业团队——彩票公司的管理优势，既能够保证文化遗产免受商业的侵扰，又可以让民众通过购买彩票的方式间接地参与到文化遗产保护当中。

（五）意大利

作为罗马帝国主要疆域的继承者、地中海商业文明的聚集地、文艺复兴的发源地，意大利在世界历史中具有无可撼动的地位。但历经千百年的风雨侵蚀，意大利多数建筑遗产都存在着一定程度的损坏，仅靠政府财政拨款和遗产景点的门票收入，根本无法支撑庞大的修护开支。1994年意大利开始推行建筑遗产认养制度，在推动社会力量参与建筑遗产保护方面取得了显著成就，被公认为世界范围内建筑遗产保护最优秀的国家。

建筑遗产认养制度是政府在保留建筑遗产的所有权、监督权和保护权的基础上，允许和鼓励社会力量运用市场化的方式，以认领、认租、认购、公私合作（public-private partnership）等方式参与建筑遗产保护利用之行为。意大利政府设立"文化遗产和可持续旅游交易所"——这一官方的文化遗产保护信息交流平台,管理和协调公众参与文化遗产保护机制,吸引了世界各地知名企业纷纷投资意大利建筑遗产保护领域,建筑遗产修复经费不足之状况得以大大改善。此外,对于赞助修复的企业,通常会在修复现场的挡板上留下广告空间,用来印企业标识。比如威尼斯叹息桥在修复期间全部用挡板遮盖,挡板以叹息桥照片作背景,上面印有意大利时尚巨头阿玛尼的标识。

灵活的筹资方式,辅之较为完备的法律体系、明确的权利与义务、强力的执法体系和良好的公众文化遗产保护意识,使得意大利建筑遗产在得到保护的同时,也在企业管理下经历着良性商业开发,不仅有效地传播了意大利历史文化,而且推动了意大利文化产业发展,中央垂直管理文化遗产的主导权和社会公信力也得到了彰显。

(六)加拿大

加拿大国家公园管理局的发展可追溯至20世纪初,为加强对森林环境和公园的保护,加拿大自治领政府出台了相关法律文件并建立起世界上第一个国家公园管理机构。经过多年的探索,加拿大国家公园管理局已形成完善的管理模式和政策体系,且具有独立法人资格。相较于美国自上而下的垂直管理系统,加拿大国家公园管理局享有更多的自主决策权。其在国家公园经营机制和财政规划方面的自主权主要体现在以下几点:

(1)国家公园管理局有权通过招投标方式接受新的经营项目,同时与开发商签订项目合同;

(2)对国家公园的门票收入、特许经营费、租赁费等合法收入有完全支配权;

(3)滚动预算制度使公共资金的流动性增强,国家公园管理局可以超前开支。

(七)澳大利亚

澳大利亚在1998年发布了《环境保护和生物多样性保护条例》,批准国家公园实施特许经营制度,在遵循资源有偿使用的基本原则下,允许企业、居民等参与国家公园管理。通过鼓励多方共同参与，既能减轻政府财政及国家公园运营成本压力，又能够分担对于国家公园的保护责任。

澳大利亚国家公园鼓励企业等多方参与的目标是"减轻政府资金负担，企业和居民分担国家公园保护责任"。社会资本方所能获得的有限的特许经营费用仅能够满足国家公园经营管理过程中的三方面经费需求：

(1)特许经营签发的处理行政程序费用；

(2)评估签发许可证的费用；

(3)特许经营后续监督经营活动等事项所需费用。

澳大利亚国家公园在利用社会资本方面做得并不充分，收入仅用于补充必要行政成本，社会化企业参与度有限，并没有起到撬动政府投资杠杆的作用。

二、各省份资金筹措现状

国家发展改革委下达文化保护传承利用工程2022年第一批中央预算内投资，安排中央预算内投资64.9亿元支持国家文化公园、国家重点文物保护和考古发掘、国家公园等重要自然遗产保护展示、重大旅游基础设施、重点公共文化设施等288个项目建设。

结合各个省份发布的相关建设和资金筹措进展，以及笔者在2021年对国家文化公园建设相关省份的电话调研数据，现对国家文化公园建设的相关省份在建设资金来源、筹措、管理方面的现状进行总结。

（一）开展特许经营

河北省在建设长城国家文化公园过程中，通过重点项目定期调度、专项资金、政府专项债券和一般债券培训、招商推介活动等一系列政策举措，落实中央预算内重点项目资金2.6亿元，国家、省文保专项资金1.1亿元，省级旅游发展专项资金2310万元，吸引社会资金22.7亿元，企业保护修缮长城捐资235万元。山海关八国联军营盘旧址保护利用、山海关角山长城文化产业园基础设施（一期）、山海关核心展示园综合提升、海港区车厂长城休闲小镇等项目有序推进，完成投资2.9亿元。同时，积极会商发改、国土、林草等部门优化土地供给，拓宽资金渠道,已争取文化保护传承利用工程中央预算内投资1.6亿元,安排省旅游发展专项等资金近1亿元,支持19个重点项目建设;开展招商推介活动,签约3个项目,总金额达5.5亿元。

河南省采取引导受益企业合理承担防汛抢险和黄河工程养护投入的方式。2020年,荥武浮桥公司补偿郑州黄河枣树沟抢险费用45万元。开封黄河浮桥有限公司、开封盛鑫浮桥有限公司支持黄河工程养护资金360万元。兰考段黄河每年落实森源光伏补偿项目管理费和防洪工程日常维修加固费230万元。

青海省大力推广政府与社会资本合作模式,拓宽社会资金进入文物保护利用领域的渠道。加强文物保护专项经费使用管理的监督审计,建立文物保护经费使用绩效评估制度。这也就意味着,除中央和地方经费的拨款外,青海省也希望与社会资本合作共同加强文物保护与利用,摆脱主要靠中央财政拨款的老路子,积极探索国家文化公园资金筹措的新路线。

长江国家文化公园(重庆段)的资金来源还包括民间投资。长江国家文化公园重庆段还在紧锣密鼓地筹划当中,重庆地方智库认为可以适当开放长江国家文化公园重庆段的建设特许经营权,探索政府与社会各界共建、共管、共赢的发展体系,支持企业积极参与国家文化公园文创产品的研发、生产和经营。让长江国家文化公园重庆段建设"取之于民,用之于民"。

(二)发行专项债券

江苏省人民政府已经在上海证券交易所成功发行江苏省大运河文化带建设专项债券(一期),期限10年,利率为2.88%,规模23.34亿元,涉及江苏省11个大运河沿线市县的13个大运河文化带建设项目。

贵州省在建设国家文化公园过程中,明确"1+2+6"重点项目,省财政给每个重点项目拨付经费2000万元。发行了9个专项债券,49个长征国家文化公园建设项目纳入2021年新增地方政府专项债券项目库。

山西省朔州市山阴县长城旧广武村中国历史文化名村建设项目,预计总投资1.2亿元,已获得中央预算内投资以及地方政府债券资金支持。该县还以长城文化为牵引,争取到投资和专项债券资金3.2亿元,用于打造广武长城国家文化公园。下一步，还将与清华大学等院校开展合作，积极调动民间资本，引入北京南山滑雪场等一批辐射带动力强的文旅项目。

江西省积极开展长征国家文化公园（瑞金段）项目的各项建设。赣州市有长征国家文化公园省级重点调度项目3个、市级重点调度项目2个，5个项目预计总投资13.94亿元。

云南省共有62个项目纳入项目储备库，共能争取中央资金约11.57亿元。其中，10个为国家文化公园建设项目，共能争取中央资金3.2亿元，主要支持云南省长征国家文化公园建设。云南省支持地方政府专项债券，国家主要支持文化旅游提升工程项目，项目必须是政府主导的、早晚要干的，有一定收益的基础设施和公共服务项目。申报地方政府专项债券的项目须为当年经过国家发展改革委和财政部审核通过的项目。2022年，云南省通过国家两部委审核、纳入储备的文化旅游类项目共82个、专债资金需求约160亿元。

（三）成立基金

2019年1月4日，全国首个大运河产业发展基金——"江苏省大运河文化旅游发展基金"在南京成立，重点支持大运河国家文化公园建设和文旅融合发展。该基金是大运河文化带建设的长期战略性政府投资基金，采用母、子基金协同联动方式，通过政府出资增进和倡议，撬动金融社会资本200亿元。由江苏省文投集团作为省大运河文化旅游发展基金管理人和承担大运河文化旅游融合发展投资职能的省级市场主体，同时集团与扬州、淮安、苏州、无锡、常州、南京和徐州等大运河重要节点城市进行了有效对接，拟定了一批区域配套基金和重点投资项目。

（四）生态补偿资金

2020年河南通过保护黄河生态环境，获得1.26亿元来自山东的生态补偿资金。两省之间的创新举动，在全国引起热议。2021年山东与河南签订《黄河流域（豫鲁段）横向生态保护补偿协议》，搭建起黄河流域省际政府间首个"权责对等、共建共享"的协作保护机制。两省约定，以黄河干流刘庄国控断面水质监测结果为依据，进行水质基本补偿和水质变化补偿。断面水质年均值在三类基础上，每改善一个水质类别，山东省给予河南省6000万元补偿资金；反之，每恶化一个水质类别，河南省给予山东省6000万元补偿资金。补偿协议签署以来，黄河入鲁水质持续保持在二类标准以上，主要污染物指标稳中向好。通过这场"对赌"，山东与河南实现双赢。山东虽然兑现了补偿金，却是黄河河南段水质稳中向好的受益方。河南则可以获得更多资金，从而更好地保护黄河生态环境。2021年起，河南省设立黄河流域横向生态补偿省级引导资金，每年拿出1亿元，支持沿黄地区有序建立省内市县间横向生态补偿机制。据了解，河南已完成与黄河流域陕西、山西、山东等省《跨省流域突发水污染事件联防联控框架协议》签署工作，正探索与上下游、左右岸的陕西、山西两省签订黄河流域省际生态保护补偿协议。河南还将以伊洛河等黄河主要支流为重点，推动市县间签订流域横向生态补偿协议。

三、资金筹措存在的现实问题

（一）资金投入机制不明确

一方面资金缺口普遍较大，另一方面缺乏资金投入的政策指导。目前中央投入和支持的资金只占已经和需要投入资金的很小部分，河北、贵州、江苏等省动用地方财政投入较大，但长期机制未能明确。我国既往的文化遗产领域，遗产地超70%的资金来源于经营性收入，极大地影响遗产可持续保护和利用。对比国际经验，美国国家公园管理局2022年共计划拨款45.87亿美元投入美国国家公园管理和建设。其中，可自由支配拨款约34.94亿美元，占比约76%；强制性拨款10.93亿美元，占比约24%。可自由支配拨款主要覆盖5个方面，分别是国家公园体制运行（27.67亿美元，约占可自由支配拨款的79%）、建造（4.55亿美元，约占可自由支配拨款的13%）、国家康乐和保护区（0.84亿美元，约占可自由支配拨款的2%）、历史保护基金（1.73亿美元，约占可自由支配拨款的5%）、百年纪念（0.15亿美元，约占可自由支配拨款的1%）。[①]

①　"Congressional Research Service"，*National Park Service (NPS) Appropriations: Ten-Year Trends*，2022.

（二）部分属地财政困难

长城、长征、黄河国家文化公园项目大量涉及边远地区和欠发达地区，普遍面临财政困难的问题，应对集中建设比较困难，长期持续建设运营更加没有保障。在缺乏政策指导的情况下，各地方政府对"钱从哪里来"以及"怎么使用"，存在困惑和迟疑。

我国文化遗产保护实践仍存在盲目性、机械性和近利性等问题。中央政府对于文化遗产保护的纲领性引导及有限的资金供给与地方政府具体管理保护及经济发展的双重责任存在不衔接问题，中央政府文化遗产保护资金投入的不足会直接影响地方政府的文化遗产保护行为。同时，我国土地产权的特殊性、政府行为的外部性，以及存在的制度缺位、界定模糊等因素易导致保护主体责、权、利不清晰和文化遗产"公地悲剧"的发生。此外，部分文化遗产存在的私有产权与公共价值的内在冲突、保护与开发利用不协调等问题也使"非合作博弈"现象时常见诸报端，导致"零和博弈"的困境。

（三）特许经营运行机制不健全

我国国家文化公园特许经营项目的运行仍处于探索阶段，如何规范政企合作，加强政府的审核、监管力度，提高经营项目运行质量是当前面临的挑战。

我国对于国家文化公园特许经营的范围、种类、期限缺乏明确统一的规定，特许经营权的授予主体也存在界定不明的问题。很多地方政府不了解国家文化公园特许经营的目标和意义，这就使他们以满足游客需求为导向，盲目扩大经营规模、增加项目种类，把特许经营收入作为国家文化公园增收的主要途径，违背了国家文化公园公益性的发展理念。一些管理者为引领特许经营制度创新，忽视了对经营项目的审核及其实施过程的监管，往往会造成周边社区利益受损。

特许经营合同签订程序有待完善。政府授予特许经营权以及与受特许人签订项目合同应遵循公开、公平、公正原则，这样既可以预防政府官员权力寻租，又能促进企业之间形成良好的竞争机制。但由政府审批合同并不符合公开、透明的要求，如果国家文化公园管理人员对合同条款的具体细节和法律风险不进行充分而专业的审核、评估,将使得后续无法开展有效监督。同时,经营管理中存在着"裙带关系"现象,商品经营和服务性收费主要由当地村镇居民掌控,缺少专业化的团队运作。

缺乏淘汰和奖惩机制。淘汰和奖惩机制是激励和规范经营行为的有效手段,但很多国家文化公园没有建立健全考核、奖惩制度。由于缺乏相应激励机制,经营者的积极性受到打击,很多富有地方特色的经营项目难以为继;同时违法成本低、惩罚机制不健全等因素,造成一些经营者私自违反经营合同、制定垄断高价,破坏了特许经营的市场秩序。

监管制度落实不到位。现阶段,我国国家文化公园的监督机制尚不完善,缺乏对生产经营行为的有效控制。

(四)资金收支管理办法仍需改进

当前,各国家文化公园试点尚未建立收支两条线的资金管理模式,没有统一界定特许经营收入范围,使得一些试点出现了整体转让公益性项目、把门票收入纳入特许经营收入的现象。同时,对特许经营费的种类、收费标准、支付方式等基本情况我国没有做出明确的规定,国家文化公园的预算管理多处于松散状态,致使预算管理的绩效目标和考核监督无法落到实处,增加了地方政府特许经营资金收支的矛盾。随着我国财政体制改革的不断深入,实现中央政府、地方政府、企业之间特许经营收入的合理分配已成为国家文化公园未来发展的关键。

四、建立多元投入的资金保障机制

在"开源"方面,创新资金筹措机制,建立多渠道、多形式的资金投入机制。学习国外国家公园经验,在政府投入为主、体现全民公益性的前提下,发挥市场力量,吸引非政府组织、企业、个人等的投入和参与。另外,通过建立特许经营制度,扩大资金来源渠道。

在"增效"方面,以优化国家文化公园管理结构为基础。提高国家文化公园立法层次并完善法律体系,完善资金使用管理制度,实现国家文化公园的效益最大化。完善特许经营权制度；整合相关资源，实现文化资源的统一管理；建立公平监管机制，使得资金运行过程公开、透明，多措并举提高资金利用效率。

（一）积极发挥中央财政的引导作用

长城、长征及黄河国家文化公园沿线省份如贵州、江西、广西、云南、甘肃、青海、宁夏、新疆等资本市场相对不够发达，融资便利性上存在劣势，故而中央以及各部门应通过中央预算内投资渠道和中央财政专项转移支付，给予这些省份更多财政支持。

2020年，文化旅游提升工程第一批中央预算内投资共安排57亿元，支持了485个公共文化服务设施、国家文化和自然遗产保护利用设施、旅游基础设施和公共服务设施建设项目。各省级负责单位也要积极申请中央预算内资金支持，例如江苏省发展改革委将中国大运河博物馆项目上报申请列入2020年文化旅游提升工程第二批中央预算内投资计划；甘肃省也已将所申报的两个项目进行了公示：战国秦长城临洮段文物保护利用设施建设项目以及毛泽东界石铺旧址保护建设综合利用项目。经过国家发改委组织专家评估，遵义会议核心展示园一期工程——老鸦山长征文化园项目作为长征国家文化公园建设项目的重要部分，已经成功入选2020年文化旅游提升工程第二批中央预算内投资计划，争取到了8000万元的中央预算内投资。

（二）落实地方财政责任

中央财政和地方财政两者并重、共同分担、相互配合是关键。省政府作为该省域内国家文化公园建设负责主体，应积极落实财政支持政策。如江西省文化和旅游厅编制了《江西省红色文化资源保护与开发利用三年行动计划（2020—2022）》，明确了将在政策和资金方面支持兴国县红色旅游以及长征国家文化公园（江西段）的建设发展，并将各省的文旅类专项资金统筹规划，向国家文化公园建设方面倾斜。又如江苏省财政厅同省文化和旅游厅于2020年7月共同印发了《江苏省文化和旅游发展专项资金管理办法》，对其原有的省级现代服务业（文化产业）发展专项资金、江苏省非物质文化遗产保护专项资金、江苏省基层公共文化服务能力建设专项补助资金和江苏省省级旅游业发展专项资金四大类资金进行了整合,统一合并为江苏省文化和旅游发展专项资金。这有利于加强和规范文化和旅游发展专项资金管理,统筹资金使用,提高资金使用效益。

（三）引导社会资本广泛参与

1. 完善特许经营制度

国家文化公园特许经营制度是指国家文化公园管理机构依法授权特定主体在国家文化公园范围内开展经营活动。其性质属于政府特许经营,本质上是一种行政许可,将文化遗产的部分经营权,如与文化遗产保护、与展示活动关系不大的基础设施建设、住宿、餐饮、购物、休闲娱乐、纪念品开发等服务性、支撑性经营项目通过招标、合同契约形式交由企业进行特许范围内的经营,但所有权、管理监督权仍归属于政府或其遗产行政管理部门。

随着旅游业的快速发展,大量资本参与旅游景区的开发与经营,风景名胜区主营业务依托于企业大量进入资本市场。从国家文化公园项目旅游的需求和发展来看,转让景区经营权、引进专业第三方开发旅游资源能有效地推动当地经济发展,更好地开发与保护当地旅游资源。

国家文化公园所在省（区、市）可借鉴福建、云南、青海、海南等国家公园的经验,制定本省（区、市）国家文化公园特许经营管理条例,推动国家文化公园根据招标投标等法律法规规定,采取公开招标的方式,确定特许经营者;鼓励和引导符合条件的国家公园范围内和毗邻社区的原住居民、生态移民参与特许经营权竞标。通过对生态体验、住宿、交通、餐饮、旅游商品等业务特许经营实现遗产资源可持续利用,使社区居民获益,并为国家文化公园建设提供资金保障长效机制。

以长征国家文化公园为例,政府部门可将私营部门作为公园经营的合作伙伴,拓宽地区和公园周边社区的经营渠道。特色红军村一方面要借助具有历史文化意义的村落"讲述"红军长征故事,传承红军文化,另一方面可以深入开发红色民宿、红色农家乐等特色旅游模式。将红军村的开发经营权授予企业,允许其在协议范围内自行融资进行红色民宿的开发经营并借此获得利润,同时要积极履行对文化遗产的保护义务,这样既能够为政府节省财政投入,又可以提高文化公园利用效率,带动当地旅游产业蓬勃发展。例如,贵州省遵义市文体旅游局已经与北京世纪唐人文旅发展股份有限公司签订红色民宿战略合作框架协议,对探索红色旅游新模式进行了有益尝试。

2.发行专项债券

许多地方政府的财政资金匮乏,难以应对国家文化公园建设的资金需求。国家文化公园的社会效益具有长期效应,但是在建设初期需要在短期内进行大规模投资。发行债券是筹集国家文化公园建设资金的重要渠道。采用政府负债方式取得的资金,具有当年举借当年获取资金,并在一个较长期限内享有资金使用权的特点,符合国家文化公园资金使用的长期性与一次性投入较大的特征。

通过专项债券方式获取资金,支持国家文化公园建设。2020年5月12日,江苏省人民政府在上海证券交易所,成功发行江苏省大运河文化带建设专项债券(一期)。此外,贵州省的49个长征国家文化公园建设项目纳入2021年新增地方政府专项债券项目库。

3.城投公司企业债券投融资

城投公司是城市建设投资公司的简称,是全国各大城市政府投资融资平台,此类城投公司大多是不具备营利能力的,属于事业单位或者国有独资公司性质,通过政府补贴的方式实现营利,为带有政府性质的特殊市场经营体。债券融资的突出特征是,一次性融资规模较大,资金实际应用过程较为稳定,资金成本低、投资方向自由,需要稳定的偿债保障。与银行贷款融资相比,通过资本市场实施企业债券融资具有突出优势。同时,由于资本市场规模较大,债券还款时间较长,债券发行中对于发行商的限制十分宽松,债券发行方在项目融资过程中,可以借助债券设计的灵活性,优化信用等级,减少项目融资成本。企业债券能够在资本市场内全面筹集资金,有效缓解资金不足问题,助力城市文化建设健康发展。

4. 设立发展基金

参照世界各国文化遗产保护的经验,成立相关基金会对建设国家文化公园也可能具有重要推动作用。美国国家公园基金会(National Park Foundation)成立于1967年,用于整合社会零散资源,并借助私人力量维持公园运营,协助国家公园管理局的工作。我国可借鉴相关经验,根据《慈善法》和《基金会管理条例》等相关法律法规成立国家文化公园基金会,充分发挥国家文化公园的公益属性,与个人、企业、科研机构、非政府组织开展多种形式的合作,为国家文化公园的建设和运营提供资金、技术和人力的支持。充分利用市场资源,多渠道筹集资金,搭建平台,推动我国国家文化公园体系的建设。

通过设立发展基金的方式充分撬动社会资本参与国家文化公园的建设,有助于解决各地国家文化公园建设资金不足的问题。2019年1月,江苏省设立全国首只初始规模200亿元的大运河文化旅游发展基金,其中江苏省政府出资20亿元,其余为地方政府资金及社会募集资金,大运河文化旅游发展基金将重点支持大运河国家文化公园建设和文旅融合发展。

5. 发行彩票

彩票具有丰富的经济功能和社会功能,能够刺激消费,有效拉动经济增长。随着彩票业的不断发展,它已经成为国家回笼资金、有效进行第三次分配的重要手段。

长城、大运河、长征、黄河、长江等文化遗产是全人类的文化财富,相关国家文化公园是为全人类造福的工程,组织全社会共同参与其建设和发展是十分必要的。意大利和英国通过发放文化遗产彩票,将一定比例的彩票收入用于文化遗产保护,扩宽资金路径。这种"取之于民用之于民"的遗产保护办法不仅得到当地群众的广泛欢迎,还唤起民众对文化遗产的保护意识。当前,我国福利彩票事业发展较为成熟,彩民基数庞大,可通过在全国范围内设立发行国家文化公园彩票,筹集建设资金,用于文化保护、基础设施建设、数字化改造等工程。为国家文化公园建设筹资而特别设计发行的彩票,不仅能够作为国家文化公园建设资金的有益补充,还可成为融入社会大众和平民生活的一项文化遗产。

6. 政府和社会资本合作模式融资和特许权融资

政府和社会资本合作模式融资即政府、非营利性企业及营利性企业在某项目基础上创建良好合作关系。该合作方法可以帮助各个合作方得到有利结果,并且各个合作方需要共同承担融资风险和融资责任。特许权融资是地方政府针对基础设施建设项目,利用公开招标方式,确定项目发起人,中标者与政府签署协议,随后创建项目公司,实施融资、项目建设与经营活动。在特许期内,项目企业可以通过项目现金流量偿还筹资本息,得到一定利润;结束特许期后,项目企业需要把项目移交给政府。这两种融资方式的合理运用有利于扩展国家文化公园项目资金来源。

(四)建立文化生态补偿机制

借鉴自然资源保护的国际经验和我国国家公园的生态补偿机制,国家文化公园可探索建立文化生态补偿机制。按照"有偿使用"的原则,对于国家文化公园内重要的文化资源,资源使用的受益者有责任和义务对提供优良文化生态质量的地区行政管理机构和普通群众进行适当的补偿。长城、大运河、长征、黄河、长江等文化资源是我国重要的文化瑰宝,对弘扬民族精神、增强文化自信都有重要意义。对重要又濒危的物质文化资源的使用,应该建立起完备的文化生态补偿机制。从法律层面明确文化生态补偿责任和各个文化生态主体的义务,同时在国家文化公园建设运营过程中,探索科学的文化生态补偿量化方法,根据文化生态补偿的实际需要拨付相应资金,用于补偿当地文化发展和居民。

建立健全国家文化公园资金保障体系是一件任重道远的大事,直接关系到文化公园的有效保护和合理利用。遗产保护的资金困境是我国乃至世界长期存在的问题,但建立起一个稳定的资金保障体系绝不是一蹴而就的事情,具有长期性和艰巨性,需要从中央到地方各级相关单位的通力协作,也需要全社会民众的参与和支持。

第六章

国家文化公园
利用与多方协调机制

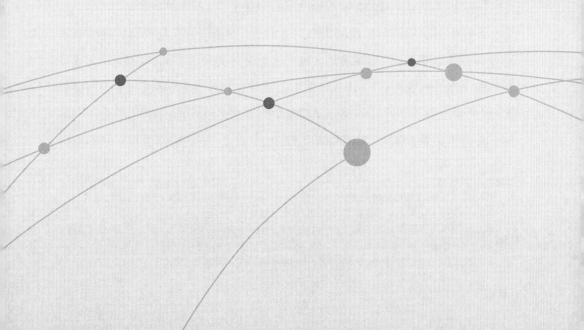

第一节　国家文化公园的综合利用

国家文化公园具有系统性管理与保护文化遗产, 阐释并拓展其精神价值的功能。在实现这一功能的过程中, 基于文化遗产资源的利用与协调机制日益受到国家文化公园管理者的重视。各地的国家文化公园在秉承保护优先的前提下, 积极探索协调性开发利用的路径和模式, 形成了旅游利用、教育利用、体育利用、数字化利用等一系列理论与实践创新。[①]

一、旅游利用

我国在建的五大国家文化公园均以线性遗产为资源依托, 涵盖军事建筑、人工河道、自然流域和流动线路等跨区域、跨文化和跨古今的大型文化遗产, [②]不仅地表环境复杂、资源散布广泛, 而且空间和文化尺度上的连续性都不以现行行政区划为单位, 传统模式下的旅游开发利用难度较高, 因此, 需要寻找能兼顾资源点和遗产地并行的开发模式, 实现文化遗产保护与利用的空间区域化统一和功能协同性发展。

（一）“节点—斑块—廊道”利用模式

景观生态学领域所提出的生态网络概念, 对于国家文化公园的旅游利用建设具有借鉴意义。生态网络是一种连接城乡各类开放空间, 集生态、文化、娱乐为一体的网络体系, [③]具有降低生态破碎化程度、提高区域间生态连接程度、保护生态资源多样性和充分发挥各生态要素系统功能的作用。[④]生态网络的三大主体要素是斑块、廊道和基质, 其中, “廊道”概念被广泛地转译和应用

---

① 黄永林、李媛媛：《文化强国战略背景下的中国文化遗产保护与利用》,《理论月刊》2022年第3期。
② 李飞、邹统钎：《论国家文化公园：逻辑、源流、意蕴》,《旅游学刊》2021年第1期。
③ 巩杰、谢余初、孙朋、钱大文、颉耀文：《近25年嘉峪关城市景观格局变化及人文驱动力分析》,《兰州大学学报（自然科学版）》2013年第2期。
④ 李亚萌：《基于生态位理论的城市新区生态网络构建》, 华南理工大学, 2020年。

于我国历史文化遗产的保护研究之中，并衍生出"遗产廊道"等概念用于大运河①、丝绸之路②、长城③等大型线性遗产的研究，强调遗产保护的连续性与完整性。储金龙等采用"斑块—廊道—基质"模式对徽州古道的遗产特征进行剖析，并针对三种空间范围分别提出了遗产的保护与活化措施。④曲蒙、刘大平论证了"遗产地斑块—遗产廊道—城镇基质"在以中东铁路干线为代表的线性文化遗产保护中的可行性。⑤李磊等从网络关注度和旅游流网络出发，提出了基于旅游资源的网络关注度、节点加权度、综合排序值、小世界结构等属性的"节点—斑块—廊道"组织模式。⑥由此可见，生态网络及其要素模型可较好地匹配国家文化公园旅游利用建设需要，有利于自下而上，以点串线，以线连面，带动国家文化公园的整体发展。

1. "节点"模式

"节点"模式立足于单一文化遗产点，在资源开发初级阶段和产业规模较小时，集中力量优先发展国家文化公园中的重要文化遗产节点。⑦这些遗产节点往往具有良好的转化为旅游资源的文化禀赋，是景观风貌保护规划的核心，也是突出反映国家文化公园历史意义与多重价值的象征性空间。⑧同时，遗产节点也是遗产斑块形成的基础和遗产廊道形成中的关键交汇点，对于控制旅游客流网络的走向和流通性都将起着重要作用。在国家文化公园建设中，遗产要素的本体价值或利用潜力评价较高的资源点可以被识别为遗产节点，⑨例如，

---

① 俞孔坚、奚雪松：《发生学视角下的大运河遗产廊道构成》，《地理科学进展》2010年第8期。
② 汪永臻、曾刚：《空间视角下丝绸之路文化遗产廊道构建研究——以甘肃段为例》，《世界地理研究》2022第4期。
③ 王思思、李婷、董音：《北京市文化遗产空间结构分析及遗产廊道网络构建》，《干旱区资源与环境》2010年第6期。
④ 储金龙、李瑶、李久：《基于"斑块—廊道—基质"的线性文化遗产现状特征及其保护路径——以徽州古道为例》，《小城镇建设》2019年第12期。
⑤ 曲蒙、刘大平：《基于景观生态学的文化景观遗产保护研究——以中东铁路干线线性文化景观遗产为例》，《建筑学报》2017年第8期。
⑥ 李磊、陶卓民、赖志城、李涛、琚胜利：《长征国家文化公园红色旅游资源网络关注度及其旅游流网络结构分析》，《自然资源学报》2021年第7期。
⑦ 李磊、陆林：《合福高铁沿线旅游地合作网络与模式》，《自然资源学报》2019年第9期。
⑧ 徐凌云、王云才：《基于遗产廊道网络构建的景观风貌保护规划探索》，《中国城市林业》2016年第3期。
⑨ 方晨雨：《空间管控视角下江西省铅山县文化遗产空间体系构建研究》，江西师范大学，2021年。

长城文化国家公园中的广武长城遗址、靖远明长城索桥古渡遗址等,大运河国家文化公园中的张家湾古镇、窑湾核心展示园等长征国家文化公园内的共和国摇篮景区、邓小平故里等通过对遗产节点的重点培养,可实现旅游开发增长极的辐射效应,为斑块构建奠定基石。

2. "斑块"模式

"斑块"模式是由"节点"模式发展演化形成的,一般表现为以遗产地斑块的空间面状区域为主体,通过1—2个高等级旅游景区的辐射带动,进一步整合周边景观环境和其他旅游资源,形成统一品牌形象下的强影响力旅游区。[①]在遗产地斑块中,遗产节点通过有机排列形成了特定的聚落生态结构,具有独特的形态特征、轮廓造型。[②]遗产斑块会随着遗产节点等级、规模、特征等属性的差异和变化而演进,对于旅游开发下市场导向的文化遗产空间结构具有较强的适应性。在国家文化公园的旅游利用中,从众多文化遗产中筛选出适用于旅游开发的资源,并对其进行效益最大化的排列组合是开展这一模式的重点和难点。许多斑块的构成和区分是基于其文化属性的同质和异质性,而非行政区划边界。因此在采用"节点—斑块"模式进行旅游利用时,要配套良好的跨区域协调开发机制,打通行政部门之间的信息壁垒,以更加开放的姿态和整体性视野规划国家文化公园的旅游产业布局。

3. "廊道"模式

遗产廊道是以历史遗产为主要资源特质,拥有界定明确的经济中心、繁荣的旅游业、对老旧建筑合理改造利用,并能改善环境、提供休闲的线性景观。[③]它既是连接斑块后形成的旅游综合利用产业链条,也是国家文化公园所在地整体旅游网络的重要结构性要素。遗产廊道的功能多取决于其所连接的

[①] 沈惊宏、余兆旺、沈宏婷:《区域旅游空间结构演化模式研究——以安徽省为例》,《经济地理》2015年第1期。

[②] 曲蒙、程世卓:《基于景观空间异质性理念的遗产地斑块量化研究——以7个中东铁路特色遗产地为例》,《建筑学报》2021年第S2期。

[③] Searns R M.,"The evolution of Greenways as an adaptive urban landscape form",*Landscape and Urban Planning*,1995.

功能区,也就是斑块的功能。大斑块中所包含的历史信息丰富,是廊道中实行旅游开发的主要吸引物;小斑块中的历史信息琐碎,但能作为大斑块的过渡有效补充廊道的完整性。大小斑块之间错综复杂的共栖关系构成了遗产廊道的文化生境地,[①]为国家文化公园的旅游利用提供了不竭动力。

作为国家文化公园旅游利用最重要的发展手段,遗产廊道以旅游交通线路或旅游流走向为依托,串联起国家文化公园沿线的自然、人文、游憩空间,整合工业、农业、物质和非物质文化遗产,实现区域层面国家文化公园线性文脉下整体性保护和文化旅游开发等综合目标。[②]遗产廊道建设需要较为严苛的先决条件,因此该模式常应用于旅游产业开发较为成熟的地区和阶段。我国国家文化公园建设尚处于探索阶段,各地区推进速度、产业布局、基础配套设施完善程度都不同,因此不可盲目推广"廊道"模式。宜在旅游经济基础较强的区域率先开展试点工作,待积累相关经验后再延长廊道范围,循序渐进地向国家文化公园全域拓展。

(二)资源要素的旅游利用

国家文化公园不仅仅是文化遗产在空间上的集合,也是各项资源要素在文化属性上的集合。合理利用国家文化公园中资源要素的集群效应,发展特色旅游,开发旅游文创产品,是国家文化公园旅游利用的另一大重要方向。

1. 国家文化公园特色旅游开发

(1)文化旅游

在文旅融合的时代背景下,国家文化公园为文化旅游提供了一个多维的文旅互动空间和承载特定文化记忆的叙事语境,[③]成为推动文化旅游体验化、场景化和生活化的重要手段。同时,文化首位性也是国家文化公园区别于国家公园和各级遗产保护空间的最主要表征,[④]在国家文化公园的空间范畴内开展文

---

① 曲蒙:《基于景观生态学的中东铁路干线遗产地研究》,哈尔滨工业大学,2019年。

② 解思雨:《沈阳经济区工业遗产空间格局研究》,沈阳建筑大学,2017年。

③ 邵明华、杨甜甜、李大伟:《黄河流域文化旅游空间生产的动力机制与实践逻辑》,《行政管理改革》2022年第12期。

④ 范周、祁吟墨:《国家文化公园建设导向下的黄河文化旅游发展研究》,《理论月刊》2022年第8期。

化旅游，不仅有利于其核心遗产的活化保护，也彰显了中华文明生生不息的活力和生命力。

国家文化公园拥有丰富的文化资源，其所依托的长城、大运河、长征、黄河、长江等线性文化资源，是中华优秀文化和民族精神的重要载体。文化旅游在充分挖掘资源文化内涵、整合各类文化元素的基础上，打造了"各美其美、美美与共"的国家文化公园主题IP游。长江国家文化公园沿线各省尝试构建以"文化长江IP"为主体的文化旅游体系，力求让旅游者在"体验—认同"中华文化的过程中构建起自我的身份认同与国家认同。①长城国家文化公园推出参观游览联程联运经典线路，推动组建文旅联盟，开展整体品牌塑造和营销推介，通过对长城周边以塞上风光为特色的优质文化旅游资源的一体化开发，形成特色生态文化游的全新IP。

非物质文化遗产蕴含着人类的共同价值观念和思想情感，既丰富了旅游的文化内涵，又为文化旅游的开展奠定了价值共鸣的基础。杭州市拱墅区举办大运河戏曲节，利用戏剧、曲艺等易于传播的艺术形式到运河沿线城市巡回演出，充分展示大运河的浓厚文化底蕴。②天津市杨柳青大运河国家文化公园以杨柳青年画及其历史文脉为依托，通过空间文化重构实现杨柳青非遗文化的传承利用与大运河国家文化公园的有机结合，创造出一个点轴相间、古今联结的文化旅游生活场景。

国家文化公园的文化旅游开发，应在真实性和完整性原则的指导下，对国家文化公园的文化遗产、周边社会文化环境和生态环境系统进行保护，构建起多层次、全方位的遗产保护和利用的体制机制，以实现国家文化公园文旅开发的可持续发展。同时，要注意分主题、分等级、分类别地挖掘梳理国家文化公园的文化谱系，开展物质和非物质文化遗产的资源普查工作，完善文化遗产资源数据库，推动各大国家文化公园依据形象标志设计自身视觉识别系统，增强

---

① 傅才武、程玉梅：《"文化长江"超级IP的文化旅游建构逻辑——基于长江国家文化公园的视角》，《福建论坛（人文社会科学版）》2022年第8期。

② 河南省文化和旅游厅：《国家文化公园：古老声腔唱新曲》. https://hct.henan.gov.cn/2022/07-19/2489612.html, 2022-07-19.

国家文化公园文旅品牌的可识别性。丰富国家文化公园的文旅表达方式，利用现代科技和文化创意，聚焦数字文旅体验馆、旅游演艺、夜间旅游、密室逃脱与剧本杀等新兴业态，提供主题鲜明、丰富多彩、引人入胜的国家文化公园文旅产品。

（2）红色旅游

红色旅游是以中国共产党领导人民在革命和建设时期建树丰功伟绩所形成的纪念地、标志物为载体，以其所承载的革命历史、革命事迹和革命精神为内涵，组织接待旅游者开展缅怀学习、参观游览的主题性旅游活动。我国的国家文化公园中，都拥有丰富的红色资源、蕴含多样的红色文化，甚至还有以红色线路为遗产本体的长征国家文化公园。因此，国家文化公园的属性特征与红色旅游的价值特征具有密不可分的关联，[①]开发国家文化公园中的红色旅游是活化其资源要素的有效途径。

各省（区、市）在立足地方特色的基础上，已经探索了多种多样的国家文化公园红色旅游开发模式。四川省在建设长征国家文化公园甘孜段的过程中，充分利用境内知名红色事件和独特民族羁绊，将海螺沟打造为以红色教育培训、长征历程体验、红色乡村休闲为主要功能的长征主题国家研学旅游目的地。[②]河北省将红色资源融入长城国家文化公园的规划中，开拓出"长城+红色+种植""长城+红色+民俗体验""长城+红色+党建团建"等开发模式，[③]力争在主题展示区和文旅融合区内构建红色"精神"品牌，形成文化地标。江苏省高度重视大运河国家文化公园红色基因的传承，通过开设系列红色文化展览馆、开辟大运河红色专线等讲述运河红色故事，凸显运河文化底色。

实践表明，红色旅游与国家文化公园的有机结合能为国家文化公园的利用带来生机与活力。在这一过程中，首先要注意对国家文化公园中红色资源的分

[①] 项锦宇：《长征国家文化公园建设背景下云南威信红色旅游发展研究》，云南财经大学，2022年。

[②] 康巴传媒：《海螺沟：写好红土地的新答卷》，https://www.163.com/dy/article/H9GAIU3S0512G6EA.html，2022-07-31.

[③] 郝建斌、欧新菊：《河北长城国家文化公园建设中对红色资源开发利用路径探索》，《河北地质大学学报》2022年第3期。

级分类分区开发，结合国土空间规划，松弛有度地进行保护与利用；其次要建立健全红色文化资源工作协调机制，[①]从理论研究、政策落实和部门协同三方面对红色旅游开发给予支持；最后要坚持产业创新，尽可能避免同质化业态和低端产品堆积，以高质量的精品旅游助推国家文化公园可持续发展。

（3）绿色旅游

人类对于自然的憧憬和向往孕育出了绿色旅游这一新型旅游形态。作为经济发展、社会和谐和环境价值的综合体现，[②]广义上的绿色旅游主要指所有亲近自然并具有环保特征的旅游形式，包含传统的自然风景游览和新兴的革命遗址教育旅游、矿产旅游、农业旅游等。[③]国家文化公园所强调的"公园"形态既有供公众游憩、观赏、娱乐等城市公共绿地的功能，[④]又兼顾民族优秀文化弘扬、国家主流价值观呈现和全民休闲审美培育，[⑤]是开发绿色旅游的优良载体。

京津冀地区以建设长城国家文化公园为契机，加快境内古长城修复和周边自然生态环境保护，推进集休闲、度假、体育、文化、青少年露营等多种相关产业为一体的特色露营小镇建设，[⑥]发展环境友好型的绿色旅游产业。湖北省不断完善长江绿色廊道规划编制，统筹考虑沿江水、岸、港、产、城之间的关系，并组织谋划了一批体现地域特色、支撑长江国家文化公园的项目。[⑦]在长征国家文化公园建设中，跨地域的长征绿色生态长廊建设依托长征步道及集中展示带路线，可塑造自南向北的南方丘陵山地森林景观带、云贵高原森林景观带、川西高原雪山草甸景观带和黄土高原荒漠草原景观带，[⑧]为自然景观和革

[①] 张慧卿、王妍、袁慧：《千年大运河的红色印记》，《群众·大众学堂》2020年第6期。

[②] 朴京玉、万礼：《日本绿色旅游的运行模式及其机理》，《农业经济》2011年第8期。

[③] 闫斌、牛嫱：《绿色旅游可持续发展的法律对策研究》，《经济师》2018年第3期。

[④] 于友先：《中国大百科全书（第二版第七卷）》，中国大百科全书出版社2009年版，第540页。

[⑤] 李飞、邹统钎：《论国家文化公园：逻辑、源流、意蕴》，《旅游学刊》2021年第1期。

[⑥] 刘素杰、吴星：《建设国家文化公园，促进长城沿线区域绿色发展——以京津冀长城保护与传承利用研究为例》，《河北地质大学学报》2020年第5期。

[⑦] 文旅中国：《国家文化公园 | 弘扬长江文化　激活文旅资源 服务人民群众》，https://baijiahao.baidu.com/s?id=1738750828491728965&wfr=spider&for=pc，2022-07-31.

[⑧] 郑婷婷、李王锋、李丽国、张楠：《国家文化公园生态环境分区管控研究——以长征国家文化公园为例》，《环境科学与管理》2022年第5期。

命精神的融合提供借鉴思路。

国家文化公园绿色旅游的发展离不开顶层设计、遗产保护、生态管理和可持续利用之间的多方配合。既要用"有形的手"划定生态边界和旅游利用区块，又要用"无形的手"指导产业布局和开发方向，依靠自然生态底色，借力创意文化资本，推动国家文化公园自然资源向旅游资源的创造性转化。

2. 国家文化公园旅游文创产品开发

文创产品和旅游商品的结合是旅游市场消费品转型升级的一大趋势，2021年《文化和旅游部办公厅关于推进旅游商品创意提升工作的通知》中提到要围绕长城、大运河、长征、黄河等国家文化公园建设，以及红色旅游、乡村旅游、工业旅游、休闲度假、非遗传承等主题，推动开发一批如长城主题文创产品、乡村创意产品、特色非遗产品、工业旅游纪念品等多种类型的系列旅游商品，进一步丰富旅游商品供给。国家文化公园作为具有特定开放空间的公共文化载体，[1]其突出的文化属性将为文创产品的开发输送大量的灵感和创意。2022年，国家文化公园首款主题数字藏品上线，标志着以中华文化为精神象征和情感纽带的国家文化公园与元宇宙概念结合的新型表达方式出现。这一数字藏品打破了地域与时空的限制，将传统艺术文化融入现代创新表达，实现了文创产品对国家文化公园利用的赋能实践。[2]有设计师采用杨柳青经典年画元素与矢量插画相结合，为杨柳青大运河国家文化公园设计了一套视觉系统及文创周边产品，[3]将杨柳青木版年画的艺术价值融入生活场景之中，创作出可用于旅游伴手礼的信封、明信片、水杯、茶叶罐等物品，赋予传统文化新的生命力。

未来，各国家文化公园可以进一步从旅游IP的角度出发，充分挖掘地方文化和传统艺术符号，并以此形成非物质文化遗产、民风民俗与历史典故相融合

---

① 刘庆柱、汤羽扬、张朝枝、李严、张玉坤、李哲、林留根、王健、李飞：《笔谈：国家文化公园的概念定位、价值挖掘、传承展示及实现途径》，《中国文化遗产》2021年第5期。

② TechWeb：《国家文化公园主题数字藏品即将发行 三七互娱助力传统文化数字化传播》，https://baijiahao.baidu.com/s?id=1735579602459742377&wfr=spider&for=pc，2022-07-31.

③ 古田路9号：《杨柳青大运河国家文化公园视觉系统及文创周边产品的开发》，http://www.chenbing.gtn9.com/work_show.aspx?ID=FDD7891F1426E4EF&page=1，2022-07-31.

的文创产品,丰富当地的旅游产品类型。①同时,可将线下实物的文创商品和线上虚拟的游戏、视频、剧本等"云文创"共同纳入国家文化公园建设的战略规划之中。②

二、教育利用

宣传教育功能是国家文化公园的核心功能,③教育利用也成为国家文化公园利用路径的内在要求。国家文化公园可以从研学教育、馆藏教学和历史教学三个方面开展教育利用。

(一)研学教育

研学教育是通过旅行游览的认知、体验和感悟过程,获得有益收获的一项校外素质教育活动。④国家文化公园的建设将为研学教育提供一个良好的互动环境,其综合效益也非常可观。大运河博物馆启动"大运河国家文化公园万名研学馆长计划",以大运河国家文化公园为主线,面向全国博物馆开展研学馆长培训计划,⑤提升研学管理者角色能力,进而更为高效地开展国家文化公园的研学教育工作。同时,配套的标准化研学课程开发、研学平台和品牌建设也将同步进行,为讲好大运河故事提供全方位支撑。长征国家文化公园集中反映了中华民族伟大的革命奋斗精神,长征沿线的多个省市均已推出主打"红色研学"的深度体验游,积极开展党建教育、中小学生研学活动,推动产学研的深度合作,将长征国家文化公园作为宣传长征精神、长征文化的重要窗口,实现长征国家文化公园建设教育性与休闲性的统一。⑥

国家文化公园的利用需要突出文化引领,开展研学教育有利于为公众提

---

① 姜馨:《文旅融合背景下大运河旅游发展对策研究——以大运河江苏段为例》,《湖北开放职业学院学报》2022年第8期。

② 雷蕾、李骊明:《国家文化公园开发与陕西大遗产资源》,《西部大开发》2019年第6期。

③ 李树信:《国家文化公园的功能、价值及实现途径》,《中国经贸导刊(中)》2021年第3期。

④ 沈和江、高海生、李志勇:《研学旅行:本质属性、构成要素与效果考评》,《旅游学刊》2020年第9期。

⑤ 搜狐焦点:《大运河国家文化公园万名研学馆长计划启动》,https://baijiahao.baidu.com/s?id=1733129406215265741&wfr=spider&for=pc,2022-07-31.

⑥ 王兆峰:《文旅融合助力 弘扬长征文化精神》,https://baijiahao.baidu.com/s?id=1737117897707418326&wfr=spider&for=pc.

供公共文化产品,让国家文化公园走向大众,广泛传播中华文明的价值观,深化民众的文化认同。国家文化公园所在地应立足园内文化资源特色,积极建立博物馆、纪念馆、烈士纪念园等教育基地,开展各类主题教育活动,[①]增强国民的民族自信心和自豪感。建立文化遗产教育网络平台、文化遗产教育实地体验基地、民俗及节庆网络体验中心等多样化的研学场景,让凝固的、无声的文化遗产以智慧化的方式为中华优秀传统文化教育提供活态的素材和资源。[②]

(二)馆藏教学

馆藏教学是由国家文化公园下设的展示性场馆基于馆藏所开设的,帮助人们了解、认识国家文化公园的遗产和文化的教育工具和课程计划。博物馆为专业群体提供物品和标本的照片、历史图片、地图和其他文件,包括阅读材料、网页资源和词汇表等,让教育工作者在进行教学工作时能够更加便捷地使用国家文化公园的藏品资料,让历史文物以更直接的姿态与大众的精神文化生活深度融合。这种教学的目的是强调"真实事物"与公园的藏品、历史之间的联系,借专业人士的二次展示达成古今对话,实现文物的活化利用和教育的多维体验。

馆藏教学作为国家文化公园教育利用的一项具体措施,是国家文化公园"公益性"的突出体现,更是弘扬地域文化特色,强化国家认同的教学手段。因此,在国家文化公园日后的建设中,一方面要继续探索馆藏教学与普通解说系统之间的对接模式,另一方面要深化与各级各类教育机构间的合作,带动文化遗产展示利用下沉校园,真正实现国家文化公园传播"国家品位"和"国家意味"的目标[③]。

(三)历史教学

国家文化公园所涵盖的文化遗产与中华民族的历史兴衰紧密相连,各类遗

---

① 王铭、赵振烨:《京津冀多维联动发展:北京长城文化带建设新画卷》,《新视野》2022年第2期。

② 苏小燕:《保护传承文化遗产 助推中华优秀传统文化教育》,《中国高等教育》2017年第24期。

③ 冷志明:《国家文化公园:线性文化遗产保护传承利用的创新性探索》,中国非物质文化遗产网,https://www.ihchina.cn/Article/Index/detail?id=22943,2021-06-02.

产不仅见证了时代更替和历史变迁，其本体也在这一过程中不断演变，获得了日益丰富的文化价值。国家文化公园的历史教学为这些历史缩影提供一个放映平台，让公众从更加真实、客观和完整的视角看待中华文明的演进和发展，以史为鉴，重构地理空间、社会空间和文化空间三者的关系，为当代民族记忆和社会主义核心价值观的"再生产"推波助澜。[1]

各国家文化公园可以通过设置一站式互动平台中的内容版块，把公园中的历史文物和具有历史意义的场景通过照片的形式与其蕴含的历史故事结合展示，为公众讲述其历史文化，加强人们对于历史事件、重要人物等的理解。设立提供免费旅行计划的专门入口，详细列出每个旅行路线包含的景点信息，包括对历史景点和其在历史中的重要性的介绍，并基于每个景点和景区内的历史遗产讲述相关历史故事，形成兼具严谨性和科普性的国家文化公园解说体系。此外，该平台还可提供历史遗址联系信息、交互式地图以及相关保护区和旅游网站的链接，[2]以发散式的蛛网结构传达国家文化公园的整体价值。

三、体育利用

国家文化公园的体育利用形式主要表现为体育旅游。体育旅游是体育与旅游相融合的一种发展状态，[3]是以体育活动为内容，满足大众健康娱乐、旅游休闲需求的经济活动。国外许多国家都有利用体育旅游开发国家公园的先例。美国国家公园充分释放荒野属性的吸引力，开发设计徒步、攀岩、游泳、自行车越野等活动项目，并鼓励国家公园与户外教育学校加强合作，推动国家公园体育旅游客源市场的扩张。日本广岛中央森林公园在其体育功能区提供自行车运动场、高尔夫球场和橄榄球运动场等体育活动空间，同时开设自行车课程，针对家庭用户、赛事用户、普通游客等教授各种技巧，并进行活动方案设计，[4]形成了国家公园的体育旅游品牌。

---

[1] 傅才武、程玉梅：《论长江国家文化公园构建的历史逻辑》，《文化软实力研究》2022年第2期。
[2] 吴丽云、高珊、阎芷歆：《美国"公园+"利用模式的启示》，《环境经济》2021年第5期。
[3] 李佳美：《智慧旅游背景下大熊猫国家公园发展体育旅游路径研究》，成都体育学院，硕士论文2021年。
[4] 林朝晖、李建国：《国外度假区体育发展及其启示》，《体育文化导刊》2012年第11期。

国家文化公园风景优美，地域广阔，为体育赛事的举办提供了一个良好的场地，而举办体育赛事则可以吸引游客前来参观，为一些边缘化的农村地区提供发展机会，[①]还能充分发挥国家文化公园的运动、旅游和休闲娱乐功能。[②]北京、河北抓住北京冬奥会契机，积极推进长城国家文化公园建设。推出"冬奥长城冰雪游"主题线路，在八达岭举行北京冬奥会火炬接力起跑仪式和冬残奥会火种采集仪式，以山海关为元素在崇礼赛区打造坡面障碍技巧场地"雪长城"，将长城文化与冬奥文化完美融合，实现"长城脚下看冬奥、冬奥赛场看长城"的共联格局。黄河国家文化公园具有充裕的体育运动空间和黄河流域的传统体育文化积淀，是开展规模体育活动与赛事，打响黄河体育品牌的适宜对象。黄河国家文化公园兰州段举办兰州国际马拉松赛，成功将马拉松挑战自我、超越极限、坚韧不拔、永不放弃的精神与奔腾不息的黄河文化相融合；黄河国家文化公园陕西段举办汉族传统比赛舞龙，河南段连续举办中国焦作国际太极拳大赛、三门峡"黄河船奇"帆船公开赛等赛事，持续扩大传统体育项目在国内外的影响力。

四、数字化利用

数字化是国家文化公园建设中文化遗产活化的重要手段。国家文化公园数字化利用既是对遗产的保护，也是对文化的可视化展示，最终目的是让游客体验鲜活的文化场景，[③]传达国家文化公园的精神内核。

（一）数字化复原与展示

文化遗产数字化复原是指采用电脑绘图、电脑建模、虚拟现实等数字技术，把历史上已经消逝的或者被破坏的文化遗产还原到虚拟空间中；数字化展

---

① "World Tourism Organization & United Nations Environment Program", *Guidelines: Development of National Parks and Protected Areas for Tourism*. 1992，p. 1. Available online: www.e-unwto.org/doi/book/10.18111/9789284400263.

② Malchrowicz-MośkoE, BotikováZ, Poczta J: "Because We Don't Want to Run in Smog": *Problems with the Sustainable Management of Sport Event Tourism in Protected Areas(A Case Study of National Parks in Poland and Slovakia). Sustainability*, 2019.

③ 张义：《国家文化公园数字化水平的多维评价及提升策略》，《探索与争鸣》2022年第6期。

示则是指通过计算机、虚拟现实、增强现实、全息投影等技术将数字复原成果展示出来。[①]通过对国家文化公园中文化遗产的数字化复原与展示,可加强静态文物的观赏性和体验感,既便于文化遗产资源的共享和传播。[②]又为打造人、物互动的交互体验奠定了数据库基础。同时,数字化复原与展示还在推动国家文化公园非物质文化遗产的传承与利用中发挥了举足轻重的作用。数字化不仅仅是一种技术优势,更是时代思维的体现。数字化将为非遗提供一个重构的生存场景,便于其从传统土壤移植到当代话语体系中,有效避免了"水土不服"和"嫁接不良"的冲突,以当代大众接受度更高的形式揭示潜藏于非遗中的文化认同。

数字化复原与展示在国家文化公园建设中拥有多样化的具体实践途径。利用3D模拟技术、虚拟现实技术(VR)等数字科技对国家文化公园的各类场景进行模拟与还原,提升文物和文化资源的展示与传播效果,助力文化遗产内涵传播超越时空,推进文物资源信息在更大范围内的开放共享。[③]创新数字化展陈手段,立体展现国家文化公园遗产的"真实"面貌,发展"云观展""云旅游""云直播"等线上旅游新业态,以更具辨识度的方式打造国家文化公园线上宣传展示新空间。构建交互平台,将清晰、合理的导视图贯穿于公园导览系统中,并结合时令节庆变化,定期更新平台主题,增强与游客的互动体验,营造听觉、视觉、触觉多维感知的数字展示链。[④]

(二)创建数字化信息管理平台

要想实现对国家文化公园跨地域的统一协调管理,首先需要构建起一个囊括全域基础数据资源的数字化信息管理平台。梳理历史数据,更新现代数据,整合专家资源、智库信息和产业情报,搭建起系统、有效、精细的国家文化

[①] 刘玉亭、周宗凯:《对重庆市文化遗产保护与利用的几点思考——兼论文化遗产的数字化复原与展示》,《南方文物》2017年第3期。

[②] 李剑:《无锡运河文化遗产资源的数字化保护与传播研究》,《装饰》2016年第8期。

[③] 王兆峰、陈青青、曹译元:《数字科技驱动长征国家文化公园建设与旅游融合深度发展》,https://baijiahao.baidu.com/s?id=1717937599919978231&wfr=spider&for=pc。

[④] 吕湘毅:《湖北省博物馆数字化复原与虚拟展示的研究》,《科技与创新》2018年第2期。

公园遗产与环境资源数据库。数据库涵盖基本型、专业型和应用型三类,[①]基本型数据库指景区景观库、展览馆博物馆库、历史文化遗物库,用来收集景点故事、旧址馆物、基地资源等信息。专业型数据库指国家文化公园沿路沿线规划信息库,用来收集文化遗产所在地的生态环境、经济市场、设施建设等信息。应用型数据库指精品旅游线路、景点经典品牌和各地国家文化公园建设项目库等,用于拓展产业发展思路,及时根据实践反馈调整产品与业态布局。同时,设立国家文化公园词条和故事库作为补充,整理地方口述史,开展数字文化布局,建立国家文化公园的知识图谱,填补官方资料的漏缺与不足。

构建领导多部门协调监管的指挥平台。科学设计自上而下的国家文化公园开发项目审批、汇报、管理、宣传系统,[②]注意平衡好基层执法权力和中央统筹规划之间的关系,实现不同区域不同城市的合作共享、测量分析、监控运作。利用智慧技术解决信息孤岛化问题,对国家文化公园的自然环境、旅游流、访客数字足迹等进行实时监测,并以社交媒体大数据作为游客监测的补充,为国家文化公园在管理、保护、服务和营销等方面提供支持。

第二节　国家文化公园的跨地域跨部门协调机制

国家文化公园建设是一项跨省域、跨部门的重大工程,建设、管理、运营十分复杂,这是线性文化遗产保护和利用的共性特征。这一特征将会带来国家文化公园建设中的诸多难点,包括遗产本体的认定与保护、土地产权和管理职权的交叉、公共基础设施和旅游服务设施的配套、多头管理和跨省协调的困难等。跨地域跨部门协调机制的提出将为解决这些问题提供良好范例,为落实国家文化公园顶层设计和统筹规划创造新的路径。

---

① 彭东琳:《长征国家文化公园数字化建设的实践思考》,《贵州日报》2021年9月15日。

② 王健、王明德、孙煜:《大运河国家文化公园建设的理论与实践》,《江南大学学报(人文社会科学版)》2019年第5期。

一、跨部门协同机制

跨部门协同机制（Interagency Collaboration Mechanism）也可称为"跨部门合作机制"，是指"两个或两个以上的组织机构从事任何共同活动，通过一起工作而非独立行事来增加公共事务的效率和价值"[①]。采用跨部门协同机制的组织基于各部门或各主体间的平等合作关系，开展互动对话的组织工作，有利于促进各主体在共同行动中分享权力、共担责任、共享成果。[②]

根据OECD（经济合作与发展组织）的分类，跨部门协同机制包括结构性协同和程序性协同两个大类。[③]结构性协同是跨部门协同中的一种静态组织结构安排，而程序性协同则是实现协同目标的动态过程安排和技术手段。其中，结构性协同在公共事务的管理实践中运用更为广泛。结构性协同机制根据协同的主体、客体和协同的层级、方向的不同又可以划分为纵向及横向协同。横向协同能充分发挥各部门间的专业能力和自身的资源优势，实现部门利益最大化和整体效益最优化的目标，是解决职能冗杂和管理碎片化问题的共赢选择。

联席会议制度是横向跨部门协同中普遍运用的工作制度。这一制度的运行不需要额外设立专门的实体机构，只需按照联席会议的工作制度，按时召开协同会，进行资源互置。[④]联席会议的定期召开能及时跟进公共事务处理的进度，畅通区域间、部门间和层级间的信息交换与实践经验交流，有利于实现更高效的共同目标。尤其是省级中观层面的联席会议，上传中央部署的理念与精神，下达基层实践的项目与任务，在区域协同发展的指导下，创新跨区协作机制，以省际会商为契机，搭建开放包容的跨地域跨部门的合作交流体系。

[①] 尤金·巴达赫：《跨部门合作：管理"巧匠"的理论与实践》，北京大学出版社2011年版，第13页。

[②] 刘培功：《社会治理共同体何以可能：跨部门协同机制的意义与建构》，《河南社会科学》2020年第9期。

[③] "OECD Public Management Service/Public Management Committee PUMA/MPM"，*Government Coherence: The Role of the Centre of Government*，2000.

[④] 高昕：《精准扶贫中跨部门协同机制研究》，郑州大学，硕士论文2020年。

二、国家文化公园的跨地域跨部门协调机制

我国的国家文化公园均有跨度大、差异显著、权属复杂的特点,它们分别涉及8—15个省级地区,具有文化遗址分布广、土地产权复杂、区域发展不均衡、利益相关者多等属性,其保护管理涉及众多地区和部门,但在国内外均尚无类似形态和规模的成功案例经验可循。现有的国家文化公园建设工作领导小组和办公室主要是工作层面的任务推进,缺乏跨省域协调的战略功能。目前,国家文化公园范围内的各类资源,如文物、文化遗产、风景名胜区等,与国家文化公园之间的关系将如何处理尚无清晰界定;省域之间的遗产关系也缺乏有效的解决机制,如北京与河北之间的部分长城地段,同属于两地,如何实现对两地共有的长城遗产的统一性保护与利用,尚无有效的路径,两地间关于长城遗产的矛盾依然存在。因此,在国家文化公园的建设中须引入跨地域跨部门协调机制,有针对性地解决上述难题。为优化跨地域跨部门协调机制,可以从以下几个方面入手:

(一)形成联席会议制度

充分发挥国家文化公园建设工作领导小组的跨部门协调职能,建议在领导小组基础上,坚持系统发展理念,形成国家文化公园省、部际联席会议制度,推进国家文化公园沿线区域的跨区合作和政策协同。

定期召开省际、部际联席会议,强化各部门间的合作和交流,建立起法治化、规范化的行政协助制度,[①]并通过资源整合机制,提高政府各相关部门决策的科学性、合理性和有效性,同时解决国家文化公园建设和管理中存在的跨部门、跨省域问题,实现国家文化公园沿线各省份的协同合作、共建共享。以联席会议推动国家文化公园的阶段性工作,将遗产保护、政策法规、资金支持、国土空间规划等内容纳入到联席会议的讨论中来,集思广益,集中力量对重难点问题进行攻破。

---

① 刘洋、万玉秋、缪旭波、杨柳燕、汪小勇、刘灿嘉、朱玲:《关于我国跨部门环境管理协调机制的构建研究》,《环境科学与技术》2010年第10期。

（二）设置长效跨区域协调机构

政府各部门间的有效协调，需要在完备的法律体系的基础上构建一个高规格、跨部门的国家文化公园管理协调机构，并采用多种形式的协调手段，建立健全部门协调管理体系。强化跨区域协调机制，设置全国性"专门委员会"，负责跨区域的调研、规划、协调、宣传、检查等工作，将各个国家文化公园的工作领导小组和办公室做实，由临时性协调机构转变为有专门编制和相应权责的固定机构。①

（三）建立多方参与的区域合作机制

建立多方参与的区域合作机制，加强跨地区、跨部门的协调与协商，形成上下联动、整体推进的合力。在遗产保护中，坚持国家文化公园与地方社区融合发展，实现全民共建共享。一方面，强化公众主动保护国家文化公园文化遗产的意识，另一方面动员社会力量普及文化遗产保护常识，激发公众对国家文化公园的认同感，实现非官方跨区域保护机制的自主运行。在财政体系中，将国家和地方政府财政拨款作为主要资金来源，同时发挥非政府组织、民间团体、企业和个人等社会力量的作用，促进资本投资多元化。②在管理体系中，通过资源整合机制吸纳各种社会力量，充实跨区域管理机构的成员构成，兼顾多方利益主体，构成多元联合的国家文化公园决策机构。在产业布局上，既要形成跨城市联动发展的流域产业，加强重大基础设施跨区建设，又要根据区域资源环境和历史遗迹保护相关要求，划分产业集聚区，分类管制。③

第三节　国家文化公园的社会参与机制

社会参与是全球范围内文化遗产保护的潮流趋势和必由之路。④在国家文

---

① 张兴：《国家公园立法体系建设的美国经验与启示》，《自然资源情报》2022年第5期。

② 邹统钎、邱子仪、黄鑫：《中国国家文化公园管理政策源起和愿景（英文）》，《Journal of Resources and Ecology》2022年第4期。

③ 夏锦文：《建设国家文化公园 促进沿运城市协调发展》，《群众》2020年第1期。

④ 沈旭炜：《文化遗产保护社会参与模式研究》，《浙江外国语学院学报》2017年第6期。

化公园的建设中推广社会参与制度既能形成有效的社会参与和监督体系,防止国家文化公园在保护和利用中的决策失灵,又能调和各利益相关者之间的利益冲突,实现建设成果权益的公平分配,对国家文化公园的管理具有重要的意义。

一、社会参与机制

社会参与是指社会大众有权从社会生活当中获取相关信息,并作为传播者积极传播大众活动,[1]通过合法社会途径参与到国家和地区的公共事务和社会事务中,协力推进社会良性运行的社会行动。[2]与社会构成相似,社会参与的主体往往是多元化的,包括市场主体、社会组织、非正式组织、公民个体等。各种与社会公众利益相关的公共活动和事务是社会参与的客体。[3]社会参与的本质是社会主体对公共事务的治理和决策产生影响,强调的是多元主体之间基于专业和分工的互动所产生的合力。

社会参与机制一般指以社会主体对公共利益及相关事务的认同以及对自身利益的关心为基础,积极参与社会发展活动的过程和方式。[4]在社会参与机制中,不同的社会主体将发挥不同的影响作用。社会组织将单一个体的无序状态有序化,成为国家机构以外实现互助和解决纠纷的重要单位。社区居民代表自组织、自管理群体的利益,在强烈的自身利益维护和地方观众驱使下参与社会治理。企业组织基于商业运作和管理效率,为决策制定提供了市场化的思路。通过社会参与机制,社会主体能真正成为处理自己相关事务、推动社会发展的主人翁,有利于公众社会意识的觉醒和以社区为载体的自治组织的形成,[5]为促进政府职能转变,加快行政机构改革进程提供动力。

① 陈延鑫:《智慧水务的市场嵌入及其利益主体参与机制研究》,杭州电子科技大学,2020年。
② 谢俊贵:《网络风险协同治理的社会参与》,《南京邮电大学学报(社会科学版)》2017年第3期。
③ 吴艳丽:《我国大气污染联防联控的社会参与机制研究》,江西理工大学,2018年。
④ MBA智库:社会参与机制.https://wiki.mbalib.com/wiki/Community_Participation_Mechanism,2016-11-28.
⑤ 汤宇杰:《社会管理创新视域下建立合理社会参与机制的探索》,吉林大学,2012年。

二、国家公园的社会参与机制

若在国家公园的建设中未能充分意识到社会、文化、政治等问题，破坏了居民原本的生活方式和对资源获取与利用的权利，将引起公园管理者与居民之间的冲突，让社区居民参与管理是解决这一问题的重要方法，并可以达到双赢的效果。[①]

（一）社区共管

社区共管是自然资源保护领域的术语，是指政府和资源使用者团体对资源管理的权责利共享。[②]张引等将社区共管定义为"为实现生态保护与可持续发展目标，社区、NPA、中央和地方政府及其他主体共同保护自然资源，并逐渐实现权、责、利共享的过程"[③]。社区共管并非一个固定状态，而是绝对政府管控与绝对社区管控之间的连续治理带谱（Governance Continuum），有着不同程度的权、责、利划分[④]。

（二）社区参与运行机制

运行机制是系统内各要素之间相互作用、联系和制约的原理和方式，一个良好的机制能够实现系统结构的优化，保证系统功能的充分发挥，达到多方互动。[⑤]社区参与运行机制框架旨在明确在社区参与过程中"如何促进参与""如何组织参与""如何保障参与"及"参与效果评估"，包括引导机制、组织机制、保障机制及评估机制。[⑥]

引导机制：公园需通过各种媒体宣传提高社区参与主体对公园的建立意义、发展目标、法规条例等内容的正确认识，激发社区的参与热情，并根据社

---

① Gustavo M A，Rhodes J R., "Protected Areas and Local Communities: an Inevitable Partnership toward Successful Conservation Strategies?" *Ecology and Society*, 2012.

② Jentoft S，McCay B J，Wilson D C, "Social Theory and Fisheries Co-management", *Marine Policy*, 1998

③ 张引、杨锐：《中国国家公园社区共管机制构建框架研究》，《中国园林》2021年第11期。

④ Frey U J，Villamayor-Tomas S，Theesfeld I, "A Continuum of Governance Regimes: A New Perspective on Comanagement in Irrigation Systems", *Environmental Science & Policy*, 2016.

⑤ 刘纬华：《关于社区参与旅游发展的若干理论思考》，《旅游学刊》2000年第01期。

⑥ 杨金娜、尚琴琴、张玉钧：《我国国家公园建设的社区参与机制研究》，《世界林业研究》2018年第4期。

区的具体情况制定引导策略。

组织机制：组织机制的作用在于协调利益相关者之间的利益关系，一是国家公园管理机构与当地社区之间，二是社区参与主体之间，三是社区与社区之间。

保障机制：社区应享有平等的知情权和公平的对话平台，[①]公园可以通过大众媒体、自媒体、公众会议、问卷调查、开放论坛等多种方式保障信息畅通。[②]社区分享利益也是一种重要的管理需求[③]。

评估机制：评估是根据发展目标来系统、客观地分析实施活动的相关性、效率、效益及效用的过程。[④]社区参与的评估内容应主要包括三个方面，即评估参与主体的满意度、评估社区参与带来的影响和提出提升建议报告。

（三）PAC模式

公园咨询委员会（PAC）由纯环境保护组织、本土居民社区、资源使用者群体、商户组织、地方政府纳税人代表、私有土地拥有者组成，这种非政府组织共管公园的模式能够实现管治的核心理念——相关利益单位的互动和达成共识，为社区居民提供了发声渠道。[⑤⑥]

值得注意的是，虽然不少学者发现，如果居民感知到旅游发展带来的积极影响，居民将会支持旅游发展，[⑦]但只有当居民感知到其对社会与环境产生有

---

① 张婧雅、张玉钧：《论国家公园建设的公众参与》，《生物多样性》2017年第1期。

② Aas C，Ladkin A，Fletcher J，"Stakeholder Collaboration and Heritage Management"，*Annals of Tourism Research*，2005

③ Strickland-Munro J，Moore S，"Indigenous Involvement and Benefits from Tourism in Protected Areas: A Study of Purnululu National Park and Warmun Community"，*Australia.Journal of Sustainable Tourism*，2013.

④ 陈邦杰：《社区保护地生态旅游的社区参与模式研究》，云南大学，2016年。

⑤ 黄向：《基于管治理论的中央垂直管理型国家公园PAC模式研究》，《旅游学刊》2008年第7期。

⑥ 高燕、邓毅、张浩、王建英、梁滨：《境外国家公园社区管理冲突：表现、溯源及启示》，《旅游学刊》2017年第1期。

⑦ Vargas-Sánchez A，Plaza-Mejía M D L A，Porras-Bueno N，"Understanding Residents' Attitudes toward the Development of Industrial Tourism in a Former Mining Community"，*Journal of Travel Research*，2009.

益影响，才会提供额外支持。[①]并且根据ParticiPat项目研究结果，参与式遗产管理还存在着很多弊端。[②]

三、国家文化公园的社会参与机制

国家文化公园具有公共福利性和全民公益性，应为公众提供了解文化根源、贴近文化遗产、增强文化认同的平等机会，为非国家文化公园所在地国民提供平等的了解、接触、服务的机会，为国家文化公园所在地社区居民提供可持续的发展机会。

（一）优化国有企业委托经营管理机制

国家文化公园建设之前，各地依托长城、长征、大运河、黄河、长江沿线保护良好、具有一定开发价值的核心文化遗产已经形成了一些旅游景区，这些旅游景区多以当地国有企业作为保护和运营管理的主体。这些依托核心文化遗产所形成的景区基本位于管控保护区，其未来发展，仍需严格遵守保护约定。同时，基于其资源的可利用性，在保护的同时均发展了旅游参观、科研考察、研学旅游等多种功能。以国企作为国家文化公园现有管控区已开发景区的管理和利用方，既是我国长期以来国有景区运营管理的一大特色，也是在长期的实践中形成的相对有效的管理和利用机制。因而，对于位于国家文化公园管控区域，已经开发利用的国有旅游景区，建议仍然沿袭原有的管理机制，由国有企业继续承担管理和运营职责。但各国家文化公园应通过规划明确限定国家文化公园核心景区的管理目标、管理要求、利用方式、开发范围、管理绩效等，不断强化对国有企业的管理约束，优化提升国有企业管理的效率。

各地在实践中，依托已有国企，或成立新国企，以此实现对国家文化公园内项目的建设，如江苏省成立大运河文化旅游投资管理公司，淮安成立文旅集团，扬州市在工艺美术集团基础上成立扬州运河文化投资集团，承德组建了金

---

① Huong P M, Lee J-H: "Finding Important Factors Affecting Local Residents' Support for Tourism Development in Ba Be National Park, Vietnam", *Forest Science and Technology*,2017.

② Alonso González P, González-Álvarez D, Roura-Expósito J: "ParticiPat: Exploring the Impact of Participatory Governance in the Heritage Field", *PoLAR: Political & Legal Anthropology Review*, 2018.

山岭文化旅游发展集团等。

（二）完善社会参与机制

1. 构建全社会参与和监督机制

（1）充分发挥国家文化公园专家咨询委员会的专业指导作用。专家咨询委员会应由来自遗产、文化、旅游、科技、教育、体育、公共服务、营销、农业、商业等多个领域的专家以及社区居民代表共同组成。其为国家文化公园的建设、规划制订、资源保护与利用、日常管理、项目开发等提供专业知识服务，并给出是否可行的建议。专家咨询委员会人员为兼职人员，以独立第三方形式存在。

（2）构建全社会监督机制。国家文化公园应设立官方网站，长城、大运河、长征、黄河、长江等各国家文化公园分别设立自有官网，并在国家文化公园官网上设置直达链接。国家文化公园的重要规划等应进行公示，通过自有网站、社会媒体等向全社会公开，并设置一定的意见接纳期。公众对国家文化公园的建设提出的建议和意见，经充分考虑后再确定采纳与否。

（3）组建国家文化公园志愿者队伍。吸纳社会各界人士加入志愿者队伍，设置不同的志愿者岗位，工作内容包括检查历史遗迹、环境清洁、引导参观者、讲解、教育等。与志愿者协会合作，将国家文化公园志愿活动纳入各级志愿活动中，并根据志愿活动时长给予志愿者相应的志愿证书或志愿活动认证。

（4）探索国家文化公园社会捐赠机制。接收企业、个人、社会组织、公益机构等各种类别的社会捐赠，所有捐赠信息均向社会公开。建立数字化捐赠展示体系，形成国家文化公园社会捐赠的数字化呈现形式。如将社会捐赠者或机构的名字与数字化长城的城砖和相关文物相对应，让捐赠者可以特殊的形式建立与国家文化公园文物资源的空间关联，同时又不破坏资源。

（5）建立"国家文化公园，我来守护"全民监督机制。借鉴交通违法有奖拍照模式，鼓励全社会加强对国家文化公园保护与利用的监督。民众可以对国家文化公园建设中出现的不合理现象、文物的毁坏等现象拍照监督，国家文化公园管理部门需及时回应。在国家文化公园官方网站设立国家文化公园监督员专栏，将积极参与国家文化公园保护与利用监督的市民纳入国家文化公园监督员名录，并对优秀监督员进行专门介绍。

2. 保障社区居民的发展权

（1）保障原住居民的发展权。对于居住于国家文化公园范围内的原住居民，通过法律、法规等方式保障其发展权利。鼓励国家公园范围内企业在同等条件下优先雇用本地人，国家文化公园内的特许经营、商业授权等项目，在同等条件下，也应优生选择本地人和本地企业参与。传统利用区可充分考虑"企业+农户""政府+企业+农户"等多种形式，让原住居民以资产、土地、人力等多种方式投入国家文化公园的保护和利用中，并获得更好的发展。

（2）保障社区居民的参与权。在建设国家文化公园时，如果有涉及当地社区居民利益的规划、建设项目，应向社区居民做出全面细致的解释与分析，明确信息披露的细节、公共保障内容等。也可以请当地社区居民参与国家文化公园的保护和日常巡查，并给予适当的经费补助。或邀请社区居民参与国家文化公园历史、资源的讲解，这些居民通常对所在地域有着丰富的认知体验，因此应充分尊重他们的知识和权利，让他们以亲历的国家文化公园遗产的变迁历史，更生动地向大众传递国家文化公园的文化魅力。

3. 保障旅游利益分配均衡

只有当益处超过人类社会交往和行为的成本，社区才会积极参与到自然和文化遗产保护工作中。[1]合理的生态旅游的利益分配机制应该能导向政府、企业和当地居民三大主体共赢的局面。发展旅游的最重要意义就是要保证当地居民从旅游业中受益，改善其生活质量，才能更好推动旅游区的环境保护和可持续发展。[2]

可在国家文化公园区内成立居民服务协会，具体落实社区利益分配后的发展事项，给予当地民众实质性的利益分享内容。此外也要重视私人企业投入生态旅游项目后的各方利益分配问题。

---

[1] Shahabi E, Ghaderi Z, Fennell D, et al., "Increasing Community Environmental Awareness, Participation in Conservation, and Livelihood Enhancement through Tourism", *Local Environment*, 2022.

[2] 廉海东：《肯尼亚"生态旅游"走上良性发展之路》，《经济参考报》2010年5月18日。

第四节　国家文化公园的差别化利用机制

文化遗产的稀有性和不可再生性决定了国家文化公园建设中保护优先的原则，遗产本体所在近邻范围内要实行严格的管控和保护措施才能达到这一目标。与此同时，国家文化公园的公共文化空间属性又有赖于对文化遗产的开发和利用，因此，对国家文化公园整体空间进行差别化的分割和利用是很有必要的。主体功能区理论和土地资源空间管制为国家文化公园的差别化利用机制提供了理论依据与参考。

一、规划引领多样化利用

《长城、大运河、长征国家文化公园建设方案》提出，国家文化公园的建设要因地制宜，分类指导，充分考虑地域广泛性和文化多样性、资源差异性，实行差别化政策措施。长城、大运河、长征、黄河、长江五个国家文化公园，均具有跨区域的线性文化遗产特征。线性文化遗产由多个节点组成，在空间、时间和地域上，各个节点所具有的意义各不相同，多个节点共同构成了线性文化遗产的综合价值，利用中应根据地域、功能区的不同而有所区别。

分布在不同省市的国家文化公园其文化根源一致，但又有各自的文化特色，如何凸显不同省份国家文化公园的特色，避免同质化建设，迫切需要国家文化公园在建设和利用中规划先行，对每一个线性特征的国家文化公园进行总体风格定位，同时根据各个节点的历史价值和时空特征，结合各个节点的资源条件、区域经济发展状况，提出不同的发展指引路向。通过自上而下的规划，更好地指导国家文化公园的建设。要从国家层面明确不同省份国家文化公园的突出特色，作为各地建设、利用国家文化公园的方向指引。各省应在国家级规划的基础之上，在保持同一国家文化公园主色调、主标识、基础设施建设标准等相对统一的前提下，根据各个节点的文化底色和特色，形成各地有个性的展示内容、特色服务以及产品设计,实现共性和个性的统一。各省区通过对本省国家文化公园的发展规划,对本省区各国家文化公园节点的建设给予方向指引,以在整体展示国家文化公园统一文化根源的基础之上,结合各地的地域特色,形成差异化的形象和利用形式。

二、推行功能分区利用

按照国家文化公园四个主体功能区的建设要求,根据各功能区功能的差异,明确各功能区利用形式,以指导各功能区在建设中的合理和有效利用。

(一)保护性利用为主导的管控保护区

管控保护区主要对文物本体及其所在环境实施严格保护和管控,对濒危文物实施封闭管理,建设保护第一、传承优先的保护区域。对管控保护区的利用,要根据各地现存文化遗产资源的情况,遵循保护性利用的原则予以差别实施。对于濒危的文化遗产,以绝对保护为主,仅开放科学考察、文物研究功能。对于保护相对较好的区域,在保护前提下,可以开放观光旅游、科学考察、研学旅行等多种功能。

(二)公益性利用为主导的主题展示区

主题展示区以国家级、省市县级文物和文化资源为主体,其核心功能要满足大众对于国家文化公园及其所在地文物和文化资源的认知、了解和体验需要。主题展示区的利用应以公益性功能的利用为主,重在为大众提供近距离接触、了解、体验国家文化公园文物和文化资源的场所,其利用形式可以包括观光旅游、文化体验、科学考察、研学旅行等,主题展示区各企业产品的价格策略应以免费、公益性低价为主。主题展示区的主要业态可以包括博物馆、文化体验园、文化街区、文化主题景区、数字文旅体验园等。

(三)市场化利用为主导的文旅融合区和传统利用区

文旅融合区和传统利用区主要发挥国家文化公园的文化和经济带动效应,以最大限度利用国家文化公园的市场吸引力和影响力,通过业态、产品、活动、赛事、服务内容等的开发带动国家文化公园所在地区的经济发展。业态上，文旅融合区和传统利用区可以开发特色小镇、特色乡村、虚拟体验馆、博物馆、游乐园、度假酒店、度假区、旅游景区、旅游剧场、文旅体验场所、民宿、文化产业园、农业园等多种业态，开发文化旅游、乡村旅游、度假旅游、体育旅游、研学旅游、科考旅游、农业旅游、康养旅游等多种旅游形态产品，最大限度满足国民大众对文化体验和休闲度假需求，为游客提供高品质的旅游体验①。

第五节　国家文化公园的文旅融合机制

一、国家文化公园的文旅融合机制

文化内涵是国家文化公园有别于一般国家公园的本质要素，也是国家文化公园在保护与利用中不可忽视的重要优势。国家文化公园的文旅融合机制以文化价值赋能旅游利用，推动文化资源向文化资本转化，实现经济效益、社会效益、生态效益的共同产出。

国家文化公园建设保护中的文旅产业融合可通过文化和旅游双要素的"动力—路径—目标"耦合发展模式实现（见图6-1）。②从动力层面来看，包括以消费者需求和市场竞争为代表的内生性动力和以政策支持与科技进步为代表的外生性动力。在双重动力的支持下，旅游要素通过对资源、市场、技术、功能等内容的挖掘利用，形成开发型、体验型、再现型、创造型的文化旅游产品；文化要素通过对开发型、体验型、再现型、创造型旅游产品的改造和更新，创造出文化的旅游资源、市场、技术、功能等，最终实现国家文化公园建设保护从区域文化到文化旅游的价值增值的目标。

---

① 吴丽云：《国家文化公园的利用机制探析》，《中外文化交流》2022年第4期。
② 刘敏、张晓莉：《国家文化公园：从文化保护传承利用到区域协调发展》，《开发研究》2022年第3期。

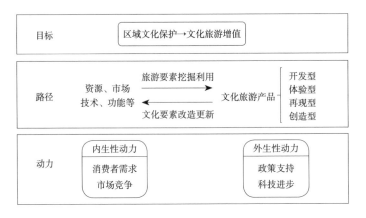

图6-1　国家文化公园文旅融合的耦合发展模式

二、国家文化公园文旅融合探索

（一）探索国家文化公园"旅游+"路径，以文促旅，以旅彰文

国家文化公园的融合性发展要求其在完整性保护的框架内，促进旅游产业与文化、农业、体育等多样化产业的结合，以文化核心为依托，优化各产业资源配置，探索出讲好中国故事、弘扬民族精神的旅游发展路径。

依托国家文化公园多样化的文化资源，开发文化旅游、文化体验、研学旅行等不同主题的文化旅游产品和线路。红色资源也是中国所独有的文化财产。现存大量的红色资源都有围绕国家文化公园中的文化遗产而分布的特征，寻找两者间的契合点，推动红色资源助力国家文化公园旅游开发是对爱国精神和时代精神的最佳宣传。通过梳理国家文化公园及其周边的红色旅游资源名录，提炼出精神内核，重点发挥其教育功能，打造研学或廉政教育旅游基地。[①]充分发挥现代科技与文娱产业的复制传播功能，通过深度扫描、内容识别、人机交互、可视化展现等手段，丰富国家文化公园红色资源的旅游体验形式；借助剧本杀、沉浸式话剧、主题集市等文娱新业态，强化国家文化公园空间尺度下的红色资源社交属性，实现文化价值的旅游表达。

---

① 郝建斌、欧新菊：《河北长城国家文化公园建设中对红色资源开发利用路径探索》，《河北地质大学学报》2022年第3期。

（二）突出国家文化公园区域特色，古为今用，守正创新

文旅资源的地方根植性特征要求国家文化公园在文旅融合的过程中突出地区特色，以区域内的历史文化名城、名镇、名村为增长极，实现文旅要素的集聚和支点带动作用。文化旅游生态链的功能融合主要包括物质遗产及文化与旅游业的功能融合、沿线区域人们的生活方式和民俗文化与旅游业的功能融合。要鼓励将地区文明融合进旅游规划中，修复、再现本地特色文化功能和多样化的公共空间，拓展国家文化公园的旅游场景到社区居民生活中。在不打扰居民正常生活的前提下，增添文化旅游的生活气息，积极消除市场商业化运作所带来的"舞台感"，为旅游产业还原国家文化公园中文化依存的真实场景。发掘国家文化公园中潜藏的优质旅游资源，将民俗活动与当地文化产业联动，创立国家文化公园文创开发产业园区，更好地发挥文物和文化资源的外溢辐射效应。[①]延长国家文化公园的文旅产业链，以当代大众喜闻乐见的形式重现传统文化、技艺与物件，兼顾国家文化公园中物质文化遗产与非物质文化遗产的保护利用，打造完整性视角下遗产资源、人才资源、环境资源和创新资源多维互补的文旅开发模式。

（三）打造国家文化公园文旅IP，塑造亮点品牌形象

推进国家文化公园文旅融合的开发，其核心是塑造基于文化价值的旅游品牌。特色鲜明、定位清晰的文旅品牌是避免在国家文化公园开发中出现同质化产品、重复开发和资源浪费的有效方法，因此，筛选个性化资源、设计品牌IP是构建品牌形象的首要步骤。集中优势文化资源，在统一的品牌形象下统筹规划旅游交通体系、产品体系、营销体系和政策体系，[②]将品牌形象贯彻于全产业链中，强化消费者对于国家文化公园和某一特定品牌形象之间联结的印象，以锚定效应培养顾客忠诚度。融合文化IP和国家文化公园内涵，通过吉祥物设计、解说系统更新、文娱IP拓展、主题旅游线路规划等方式，凸显国家文化公园文化符号识别度，彰显传统文化的时代活力。另外，做好品牌形象

① 邹统钎：《国家文化公园的整体性保护与融合性发展》，《探索与争鸣》2022年第6期。
② 张祎娜：《黄河国家文化公园建设中文化资源向文化资本的转化》，《探索与争鸣》2022年第6期。

下的事件营销与活动策划，充分利用国家文化公园所在地遗产与中华传统文化之间的羁绊，以截断式的节庆点串联起时间维度上的文化传承，以散点式的连锁事件编织空间维度上的旅游项目，最终实现时空交汇的系列文旅品牌活动。

后　记

　　本书由邹统钎统筹设计与稿件统筹修订。具体写作分工：第一章：邹统钎仇瑞、席小童；第二章：王欣、周琳、胡娟、邹明乐；第三章：邹统钎、常东芳、胡晓荣；第四章：吴丽云、凌倩、王欣、邹统钎；第五章：张祖群、李艳、李颖、邹明乐、王欣、嬴雪怡、王硕超、胡木烨；第六章：吴丽云、徐嘉阳、向子凝。文字统稿与格式统稿由仇瑞负责。本研究得到了国家社科基金艺术学重大项目"国家文化公园政策的国际比较研究（20ZD02）"的资助。

本书撰写组

2024年3月于北二外